为你护航

网络空间安全科普读本
（第2版）

张红旗　张玉臣 ◎ 编著　　周珊如 ◎ 插图设计

Data
protection

电子工业出版社·
Publishing House of Electronics Industry
北京·BEIJING

内 容 简 介

我们生活在网络时代，在享受网络带来的美好体验的同时，也必须面对相应的安全问题。事实上，网络安全伴随着网络的普及而出现，且随着网络应用的丰富而变得更加复杂。

本书分为基础篇、技能篇、环境篇、法规篇和发展篇。从日常应用场景入手，引入实际案例，分析问题原因，提出对策建议，以期帮助广大网民更好地上网、用网。基础篇介绍了网络、网络空间、网络空间安全等基本概念和相关知识；技能篇阐述了终端应用防护、网络应用防护和个人信息防护等基本技能；环境篇强调了绿色健康、向上向善网络应用安全环境的文化塑造；法规篇给出了网络环境下规范人们日常行为的典型法条解读；发展篇展望了应用前沿信息技术解决当前重要网络安全问题的广阔前景。全书归纳总结了80余类网络安全知识。

网络是把双刃剑，我们既不能因为方便、快捷就忽视安全问题，也不能因为安全问题就畏惧害怕。我们要增强网络安全防护意识，提升网络安全防护技能，遵守网络使用与网络安全方面的法律法规。本书适合对网络空间安全感兴趣，并希望对面临的安全问题找到应对办法的广大读者。

图书在版编目（CIP）数据

为你护航：网络空间安全科普读本 / 张红旗，张玉臣编著 . —2 版 . —北京：电子工业出版社，2020.1

ISBN 978-7-121-37390-9

Ⅰ . ①为… Ⅱ . ①张… ②张… Ⅲ . ①计算机网络—网络安全—普及读物 Ⅳ . ① TP393.08–49

中国版本图书馆 CIP 数据核字（2019）第 201705 号

责任编辑：戴晨辰

印　　刷：北京虎彩文化传播有限公司
装　　订：北京虎彩文化传播有限公司
出版发行：电子工业出版社
　　　　　北京市海淀区万寿路 173 信箱　邮编：100036
开　　本：720×1000　1/16　　印张：12.5　　字数：203 千字
版　　次：2016 年 9 月第 1 版
　　　　　2020 年 1 月第 2 版
印　　次：2024 年 10 月第 5 次印刷
定　　价：59.00 元

凡所购买电子工业出版社图书有缺损问题，请向购买书店调换。若书店售缺，请与本社发行部联系，联系及邮购电话：（010）88254888，88258888。

质量投诉请发邮件至 zlts@phei.com.cn，盗版侵权举报请发邮件至 dbqq@phei.com.cn。

本书咨询联系方式：dcc@phei.com.cn。

为你护航

沈昌祥（中国工程院院士）

互联网是一把双刃剑。用得好，它是阿里巴巴的宝库，一声"芝麻开门"，就有取之不尽的财富，就有意想不到的机遇；用得不好，它是潘多拉的魔盒，装着灾难、装着祸害，不仅会干扰人们的日常生活，而且会威胁国家安全。

今天的中国，建成了世界上规模最大的网络基础设施，拥有7亿网民和近50%的互联网普及率，已成为名副其实的网络大国。网络带给每个人快乐、便捷、分享、进步，让大家沐浴着信息时代的阳光雨露。与此同时，网络快速发展带来的新问题也越来越突出。例如，网民中中小学以下人群比例约占13%，而且正向低龄化和非专业人群迅速扩散。对于涉世未深的青少年而言，有关计算机安全防护、应用安全防范、网络安全陷阱识别、移动终端安全、个人信息保护，以及网络安全法律等方面的知识普遍欠缺，疏于防范。再如，我国80%以上的网民不注重更换个人密码，75%以上的网民多个账户使用同一个密码，45%以上的网民使用生日、电话号码、个人姓名全拼作为密码，网络安全意识比较薄弱。很多网络诈骗、电信诈骗都是利用用户密码强度的脆弱性进行攻击破坏的，给普通百姓造成了不小的财产损失。为此，我们急需加大力度普及、推广网络安全意识教育，普及网络安全知识和技能，提升全民网络安全意识。

没有意识到风险是最大的风险，维护网络安全，首先要知道风险在哪里，是什么样的风险，什么时候发生风险，正所谓"聪者听于无声，明者见于未形"。事实上，在信息时代，不会安全用网，就不能说"会使用网络"。就像小孩子从小要学会过马路、学会用火用电一样，学会安全用网，也是这个时代公民的基础能力。如何让更多的人成为网络安全的"聪者""明者"，需要我们更多的科技工作者到广大网民中去普及网络安全知识，让更多的人认识到来自身边的安全威胁，掌握防范网络安全风险的基本知识。从科普入手提高全民网络安全意识，虽是一件利国利民、功不可没的好事，但也是一件耗时费力、无名无利的苦事。张红旗教授和他的团队历时一年时间编著的这本网络空间安全科普读本，为我们推进网络安全知识大众化普及、提升全民网络安全意识做了一个很好的探索。

这本书，是网络安全的"开机键"，它通俗易懂、图文并茂，适合不同年龄阶段、不同学历层次、不同专业背景的人群阅读，能帮助读者快速掌握网络安全的基本知识。

这本书，是网络安全的"工具箱"，它贴近生活、针对问题，既有对网络安全问题表象的描述，也有对解决问题方法步骤的记述，让大家"一键"掌握网络安全基本技能。

这本书，是网络安全的"小度娘"，它内容丰富、包罗面广，书中不但有网络安全常见问题的答疑解惑，还有近 150 个网络名词的专业解读，是大家工作、学习的好助手。

这本书，是网络安全的"扩展坞"，它案例经典、代表性强，能够帮助读者既知其然又知其所以然，便于举一反三，通过剖析一个问题，逐步领悟提高网络安全能力的方法。

这本书，是网络安全的"转发器"，它便于普及、利于推广，读者不但能够自己学习提高，而且能够帮助他人了解网络安全知识，使人人都能成为普及网络安全知识的"小教练"。

我相信这本书的出版，能够让更多的学者、教师关注网络安全知识的普及，能够推进我国网络安全事业的发展进步。网络信息人人共享，网络安全人人有责。让我们共同努力，帮助更多的人掌握维护网络安全的技能和方法，让网络更加可靠、更加清朗，更好地造福人民、造福社会。

2016 年 9 月

前言
Preface

　　网络空间将物理世界、信息世界和人类社会紧密地联系在一起，同国家的政治、经济、文化、社会、军事等各个领域高度融合，成为了继陆、海、空、天之后的"第五维空间"。当前，第五代移动通信技术（5G）部署应用加速，万物互联趋势愈加清晰，实体空间在网络空间的投影更加全息，人类社会与网络空间的关系更加紧密。但是，网络空间面临的安全威胁却越来越复杂，针对关键信息基础设施的网络攻击数量增多，手机等智能移动终端成为安全威胁的重要平台，社交媒体对网络安全环境影响愈加明显……

　　习近平总书记高度重视网络安全问题，指出没有网络安全，就没有国家安全。2016 年 4 月 19 日，习近平总书记主持召开网络安全和信息化工作座谈会，强调指出网络空间是亿万民众共同的精神家园，要为广大网民特别是青少年营造一个风清气正的网络空间。2018 年 4 月 20 日至 21 日，全国网络安全和信息化工作会议在北京召开。习近平总书记在会议上指出信息化为中华民族带来了千载难逢的机遇。我们必须敏锐抓住信息化发展的历史机遇，加强网上正面宣传，维护网络安全，推动信息领域核心技术突破，发挥信息化对经济社会发展的引领作用。关注网络安全威胁，宣传网络安全知识，推进网络安全教育，提升网络安全意识，是当前和今后的重要课题。

　　2016 年 9 月，《为你护航——网络空间安全科普读本》一书的第 1 版出版，并先后在第三届国家网络安全宣传周青少年日活动、河南省网络安全宣传周活动、网络安全"进学校、进社区、进基层部队"的三进入活动中进行宣传与使用，受到了读者的广泛欢迎，取得了较好的社会效益。网络信息技术日新月异，网络安全问题日趋复杂，人们对了解和掌握网络安全知识的需求愈加迫切。为适应这一形势，我们对第 1 版内容进行了修订和完善，扩展了网络安全基础知识，丰富了网络安全防护技能，强化了网络应用安全环境辨识能力，增加了网络安全新技术应用的介绍。

　　本书从日常网络应用入手，引入背景案例，分析问题原因，提出对策建议，归纳总结了 80 余类网络安全知识，以期帮助广大网民更好地上网、用网。本书分为 5

篇7章，包括基础篇、技能篇、环境篇、法规篇和发展篇。基础篇介绍了网络、网络空间、网络空间安全等基本概念和相关知识；技能篇阐述了终端应用防护、网络应用防护和个人信息防护等安全防护技能；环境篇强调了绿色健康、向上向善网络应用安全环境的文化塑造；法规篇给出了网络环境下规范人们日常行为的典型法条解读；发展篇展望了应用前沿信息技术解决当前重要网络安全问题的广阔前景。

本书是集体智慧的结晶。第1章由张红旗编写，第2章由张玉臣编写，第3章由刘小虎编写，第4章由刘璟、范钰丹编写，第5章由李智诚、胡浩、刘振编写，第6章由张恒巍、冀会芳编写，第7章由汪永伟、张畅编写，邹宏、陆杰青对本书的改版、修订原则提出了建议并编写了延展阅读的部分内容，插图由周珊如、孙一纯创作，全书由张红旗、张玉臣统稿。林辉、曹俊杰、李新、周超、李福林、袁霖、周志强、高立伟对本书的再版给予了支持。在本书编写的过程中，还得到了谭晶磊、罗泽宇、郑佳伦等的帮助，在此表示衷心感谢！

由于时间仓促，加之编写水平有限，或有不当和错误之处，恳请广大读者提出宝贵意见和建议。

作　者

目 录
Contents

CHAPTER **03**
提高网络应用防护技能

CHAPTER **04**
提升个人信息防护技能

○ 环境篇

CHAPTER **05**
营造网络应用安全环境

○ 法规篇

CHAPTER 06
遵守网络应用安全法规

○ 发展篇

CHAPTER 07
展望安全技术应用前景

基础篇

网络的出现和发展改变了人们的生产和生活方式，人们对网络应用越来越高的期望促进了网络技术的飞速发展，人类社会、信息世界和物理世界更加紧密地连在一起。我们对网络空间的依赖性越来越强，但在享受各种网络应用带来美好体验的同时，必须正视网络空间的安全问题，因为它不仅与每个人息息相关，更关乎国家安全。

CHAPTER 01 了解网络空间及其安全

1.1 网络的前世今生

1. Internet 的出现

网络是军事信息技术发展的产物。1969 年，美国国防部高级研究计划局资助建立了一个名为 ARPANET 的网络，把美国几个在军事及研究中使用的计算机连接起来，这就是网络的雏形。

1973 年，美国国防部高级研究计划局启动了名为 Internet 的互联网研究项目，推出了如今的网络体系结构和 TCP/IP 协议。1980 年前后，ARPANET 中的所有机器开始转向 TCP/IP，并于 1983 年全部结束转换。1983 年，加州大学伯克利分校推出内含 TCP/IP 的第一个 BSD UNIX，满足了大多数大学的联网需求，使 ARPANET 覆盖了当时美国 90% 的计算机科学系，具有较大的规模和普及率。1984 年，美国国家科学基金会（NSF）规划建立了 13 个国家超级计算中心及国家教育科技网，随后替代了 ARPANET 的骨干地位。

1988 年，Internet 开始对外开放。1991 年 6 月，在连通 Internet 的计算机中，商业用户首次超过了学术用户，Internet 进入商业化运行时代。Internet 逐步连通全球，形成发展的第一次浪潮。

2. 万维网（WWW）的发展

Internet 的发展大大促进了信息的共享和交流。1989 年，欧洲核子研究组织（CERN）的研究人员为了研究需要，希望能开发出一种在远程就能访问本地计算机数据的系统，这种系统能够访问各种不同类型的信息，包括文字、图像、音频、视频等。1991 年，在这种需求的牵引下，基于 Internet 的信息服务系统"万维网"正式向世人公布。

万维网的出现和发展形成了 Internet 发展的第二次浪潮，目前大多数公司和机构都在 Internet 上建立了自己的网站。另外，方便大家信息查询的搜索引擎在推动万维网的发展过程中起到了非常重要的作用，其大大推动了万维网的应用与普及，因此可以说搜索引擎是万维网的灵魂。

3. Internet 发展的第三次浪潮

在 Internet 的进一步发展中，网格技术、云计算、物联网、社交网络等各种技术都在发挥着不同的作用。

网格计算是 21 世纪初在国际上兴起的一种重要信息技术，其试图实现互联网上所有资源的全面连通，包括计算资源、存储资源、数据资源、软件资源、信息资源、知识资源等。云计算是一种通过 Internet，以服务的方式提供动态可调整的虚拟化资源的计算模式，可按需进行动态的供给、配置、再配置及取消计算服务等。物联网的构想是希望将世界上的万事万物，小到钥匙、手表、手机，大到汽车、楼房，只要嵌入一个微型标签芯片或传感器芯片，通过互联网就能够实现物与物之间的信息交互。社交网络主要是指在信息网络上由社会个体集合及个体之间的连接关系构成的社会性结构。近年来，社交网络得到了飞速发展，尤其是相关网站的出现，加速了社交网络的发展，如新浪微博、Twitter、Facebook、YouTube、天涯论坛等。

总之，网络在新兴技术的支撑下，将物理世界和人类社会更加紧密地结合在一起，形成了网络空间。

 1.2　网络空间并不神秘

1982 年，美国科幻作家威廉·吉布森在其短片科幻小说《燃烧的铬》中创造了

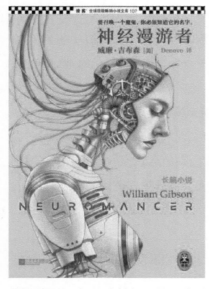

Cyberspace 一词，并因其 1984 年作品《神经漫游者》（*Neuromancer*）的热销而普及。书中描述了一种空间并取名"赛伯空间"（Cyberspace），就是我们今天所说的网络空间。吉布森把网络空间描述为可带来大量财富和权力信息的计算机虚拟网络，人们可以感知到一个由计算机创造，但现实世界并不存在的虚拟世界，而这个虚拟世界影响着人类的现实世界。

美国有关部门定义网络空间是连接各种信息技术基础设施的网络，包括互联网、各种电信网、各种计算机系统、各类关键工业设施中的嵌入式处理器和控制器，还涉及人与人之间相互影响的虚拟信息环境。

我国有关学者认为，网络空间是可处理并交换电磁信息或数字信息，且可与人互动的虚拟空间，即包括互联网、电信网、广电网、物联网、工控网、在线社交网络、计算系统、通信系统、控制系统、通信与信息系统，以及以这些系统为平台的信息通信技术活动空间。

网络空间是人类通过"网络角色"，依托"信息通信技术系统"来进行"信号与信息"交互的人造"活动"空间。其中，"网络角色"指产生、传输信息的主体，反映的是人类的意志；"信息通信技术系统"包括各类互联网、电信网、无线网、广电网、物联网、传感网、工控网、数字物理系统、在线社交网络、计算系统、通信系统、控制系统等光电磁或数字信息处理设施；"信号"指包括光信号、量子信号、电子信号、电磁信号、生物信号在内的各类能够用于表达、存储、加工、传输的信号形态，信号通过在信息通信技术系统中进行存储、处理、传输、展示而成为"信息"；"活动"指用户借助信息，以信息通信技术手段，达到产生数据、传送信号、展示信息、修改状态等表达人类意志的行为，统称为"信息通信技术活动"。

上述定义方法，基本意思是一致的，我们可以这样来认识：网络空间里包含用于信息获取、存储、传输、交互的信息基础设施及其配套设施，主要包括互联网、电信网、各类无线通信系统、大型网络化信息系统、空间信息系统、工业控制系统，以及相关的配套设施。网络空间还有利用电磁波原理工作的无线电台、雷达、移动通信网络等。另外，网络空间将人与机器的距离无限拉近，使人与虚拟空间融合，其中影响最大的就是各类社交网站。而网络空间的最重要价值就是其中存储、流动的代码及其相对应的数据，这些代码和数据以"0"和"1"的不同组合体现。

可以看出，网络空间涉及人类社会、信息世界和物理世界。物联网实现了物理世界与信息世界的融合，社交网络、移动互联网实现了人类社会与信息世界的融合，而网格计算、云计算技术为物理世界、人类社会的信息存储和计算提供了实现的方法。

1.3 网络空间安全不是新事物

网络空间安全并不是一个新的事物，它是科学技术与信息安全发展的必然结果。理解网络空间必须遵循辩证唯物主义和历史唯物主义的观点，寻根溯源可以帮助我们更加清晰、透彻地认识网络空间的内涵。因此，谈网络空间安全必须从信息安全的发展说起。

信息安全的发展大致经历了三个阶段：通信安全阶段、信息安全阶段、信息保障阶段。

第一阶段是通信安全阶段。通信安全可以追溯到很早以前，如使用烽火台、八

符传递的时期。19 世纪中期，由于电话、电报等技术的发明，人们开始采用通信技术传递文字、话音等信息，此时人们主要关注双方通话的声音或传递的文字会不会被第三方窃听和看到。20 世纪 40 年代计算机出现后，计算机也只是零散地位于不同的地点，计算机之间的联系也仅仅是两者之间的数据传输，信息安全仅限于保证计算机的物理安全，以及数据从一地传送到另一地时的安全。这个时期的信息安全主要指信息的保密性，其实质是确保通信内容的保密性，而基于密码技术的信息加密是保证通信安全的唯一手段。

　　第二阶段是信息安全阶段。进入 20 世纪 80 年代后，随着计算机和局域网的发展和普及，一方面推动了信息共享，提高了人们的工作效率，另一方面也带来了远程非法访问、病毒扩散传播等新的威胁。人们对安全的关注已经逐渐扩展为以信息保密性、完整性和可用性为目标的信息安全阶段。本阶段主要保证信息在传输过程中不被窃取，即使窃取了也不能读出正确的信息；还要保证数据在传输过程中不被篡改，让读取信息的人能够看到正确无误的信息；当然还需确保整个信息系统是稳定的、可靠的，能够提供不间断的信息服务。这一

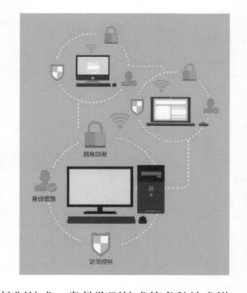

时期的信息安全主要是利用密码技术、访问控制技术、身份鉴别技术等多种技术措施，保护信息在存储、处理和传输过程中不被非法访问或篡改、破坏，确保合法用户的安全使用，并限制非授权用户的访问，确保信息系统的各项功能能够正常运行。

第三阶段是信息保障阶段。20世纪90年代中期后，互联网开始普及使用，蠕虫、木马、逻辑炸弹、拒绝服务等网络攻击日益增多，人们逐步意识到信息安全不仅涉及技术因素，还涉及人员管理、政策法规等多个方面；安全不仅仅是被动防御的过程，安全事件的风险评估、应急响应及监测预警等，都应是保证信息安全的重要内容。1996年美国军方提出信息保障的概念，美国国家安全局（NSA）制定了

信息保障技术框架（IATF），提出信息保障时代信息基础设施的全套安全需求。信息保障体现了体系化的安全保障理念，不仅关注信息系统的漏洞，而且从信息业务的生命周期着手，对业务流程进行分析，找出流程中的关键控制点，从安全事件出现的前、中、后三个阶段进行安全保障，确保信息和信息系统的保密性、完整性、可用性、可靠性和不可否认性。其关注的安全保障不是只建立防护屏障，而是建立一个"深度防御体系"，通过更多的技术手段把安全管理与技术防护联系起来，不再是被动地保护自己，而是主动地防御攻击。需要指出，信息保障特别强调系统的抗风险能力，重视安全应急响应和容灾备份能力建设。安全防护已经从被动走向主动，安全保障理念从风险承受模式走向安全保障模式。

进入21世纪，特别是近年来信息通信技术发展迅猛，引领世界进入网络空间时代，网络空间安全的概念应运而生。对网络空间安全的认识可以从以下几方面把握：第一，网络空间安全是信息安全发展至今的一个新阶段，内涵与外延进一步得到丰富和拓展，与传统的信息安全既有联系又有区别，包括三部分，即信息保障、信息治理和信息对抗；第二，网络空间安全要能够解决云计算、大数据、物联网和移动互联网等新兴信息技术应用带来的安全问题；第三，网络空间安全是网络空间战的重要组成部分，强调攻防兼备。网络空间安全的实质是保障人、机、物的全域、全维、全时的安全。

我们在日常的工作和生活中所说的网络空间安全，一般包括以下几方面的内容。

❶ 设备安全：即保证信息处理和传输系统的物理安全。它侧重于保证系统正常运行，避免因为系统的崩溃和损坏而对系统存储、处理和传输的信息造成破坏和损失，避免由于电磁泄漏，产生的信息泄露，干扰他人，或受他人干扰。

❷ 系统安全：即保证信息处理和传输平台是可信的，操作系统、数据库等系统软件是安全的。系统具备口令鉴别、权限控制、安全审计、安全跟踪等机制，能够抵御伪代码、计算机病毒等恶意程序攻击。

❸ 数据安全：即通过加密、完整性控制、信源信宿认证等手段，确保信息系统承载的数据处于安全状态，并且能够被安全使用。

❹ 内容安全：要求信息内容在政治层面是健康的，在法律层面是符合国家法律法规的，在道德层面是符合中华民族优良的道德规范的。

1.4 网络空间安全关乎国家安全

近年来，网络安全事件频发，网络新技术、新应用不断涌现，给人民生活、社会发展、国家安全带来了十分严重的威胁，主要体现在如下几方面。

第一，关键信息基础设施的安全威胁日益加剧。

针对政府部门、事业单位、企业机构等重要信息系统的，有组织的攻击增多，针对交通、金融、能源等关键信息基础设施的安全威胁日趋复杂。这些重要信息系统和关键信息基础设施，一旦遭受攻击，不仅将造成其自身瘫痪，还将扰乱其他领域活动的正常运转，进而影响国家经济和社会发展。

网络攻击的目标更加具有针对性，工具更加具有多样化，手段更加具有隐蔽性，其中，高级可持续性威胁（APT）攻击成为有组织攻击的主要手段。APT 攻击具有精确打击、长期潜伏、将高价值目标作为打击对象的特征。如果把一般性攻击称为"贼偷"，那么 APT 攻击就是"贼惦记"，因为一般性攻击是"打哪儿指哪儿",而 APT 攻击是"指哪儿打哪儿"。

第二，针对工业控制系统的网络攻击数量增多。

早期的工业控制系统通常是与外部系统保持物理隔离的封闭系统，其安全保障主要在组织内部展开，并不属于网络空间安全的保障范围。随着工业信息化的进一步推进，工业控制系统越来越多地采用通用协议、通用硬件和通用软件，且以各种方式与公共网络连接，面临的安全风险日益加剧。

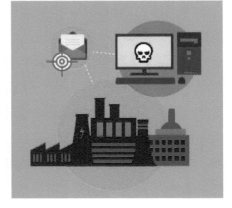

敲响全球工业控制系统安全警钟的标志性事件就是 2010 年伊朗布什尔核电站遭到"震网"病毒攻击，导致 1000 多台离心机损坏。让人震惊的是，由于"震网"病毒采用自我保护、隐蔽等手段，所以伊朗当时并未找到真正的原因，以致无法有效应对。

第三，手机等移动设备面临一定安全威胁。

随着智能移动终端的普及与迅猛发展，手机木马、手机漏洞、伪基站等针对手机平台的新兴安全威胁蜂拥而来，让人防不胜防。人们的信息获取、学习交流、娱乐购物等常通过手机平台完成，对手机的依赖性越来越强，但手机带来的安全威胁更是触目惊心。

"流量消耗"木马和"拦截窃取短信"木马激增。随着 4G 网络用户的增加，"流量消耗"类手机木马已成威胁，用户手机可能瞬间被下载大量推送信息。"隐身大盗"类短信拦截和窃取类木马，会将银行、支付平台等发来的短信拦截，危害极大。

强发垃圾短信和诈骗短信的"伪基站"攻击泛滥。"伪基站"是一种诈骗工具，可在人群密集的街道和小区搜索附近手机卡的信息，伪装成 10086、银行号码，甚至是 110 号码，发送垃圾短信和诈骗短信。

危及用户安全和泄露用户隐私的手机系统漏洞频现。具有代表性的智能手机操作系统——安卓系统和苹果系统，均被爆出存在安全漏洞，存在手机操作被控制及手机内照片、软件被泄露的风险。

第四，社交媒体对网络安全环境影响愈加明显。

Facebook、Twitter、YouTube、微信等网络社交媒体成为非法势力进行策动群体活动、放大现实问题、进行意识形态渗透和进攻的新工具。社交媒体是人们彼此之间用来分享意见、见解、经验和观点的工具和平台。其一方面促进了公民的知情权、参与权、表达权和监督权等民主权利的实现，然而另一方面也是促使社会政治不稳的现实和潜在的威胁因素。

2011 年，在以"茉莉花革命"为起点的系列政治事件中，Facebook、Twitter 等互联网社交媒体发挥了重要的催化作用。而对于同年发生在伦敦的一系列社会骚乱事件，社交网络也在其中起到了推波助澜的作用。

第五，国家参与的网络战显现且威力巨大。

国家参与的网络战已经出现，其既可以独立存在，也可以作为现代战争中的一部分，给国家安全带来新的威胁。一旦军事领域的网络系统遭到攻击，国家的军事力量就可能直接被削弱，甚至面临着部分或全部瘫痪的风险。

2007 年 9 月 6 日，以色列空军第 69 战斗机中队 18 架战斗机幽灵般地越过边界，沿着叙利亚海岸线超低空飞行，成功躲过了叙利亚军队苦心经营多年的防空体系，对叙方纵深 100 千米内的所谓"核设施"目标实施了毁灭性打击，并成功返回。那么，以军是如何突破叙方防空系统的呢？

事实上，以军采用了一种称为"舒特"的无线攻击手段。以军以叙方的雷达天线为入口，侵入雷达系统，冒充管理员，操纵雷达天线转向，使其无法发现来袭目标，从而成功实施了空袭行动。这种利用无线注入方法对封闭网络进行"微创"攻击，是网络作战中的重要攻击手段。

2016 年夏天，一个名为 Shadow Brokers（影子经纪人）的网络黑客组织泄露了美国国家安全局网络武器库的高度机密信息，其中包括正在研发的网络武器信息。2017 年 5 月，全球 99 个国家和地区发生超过 7.5 万起计算机病毒攻击事件，罪魁祸首是一个名为 WannaCry 的勒索软件。俄罗斯、英国、中国、乌克兰等国均"中招"，其中英国部分医疗系统陷入瘫痪，大量病人无法就医。

同时，网络心理战也是网络战的重要形式之一，对动摇甚至摧毁对手战斗意志，赢得心理优势，以及加速战争进程等方面具有重要作用。伊拉克战争期间，美军借助网络平台进行心理战宣传，通过向伊拉克高级官员和军官将领发送电子邮件和手机短信的方式，全面实施心理威慑。

另外，云计算和大数据等技术的应用也带来新风险。云计算系统开放、数据云端存储、软件云端运行、公开网络互联的特征，给解决其安全问题带来巨大挑战。随着对海量数据的分析能力的不断提升，攻击者只需要采集元数据并通过大数据分析技术就能洞察隐私，甚至窃取国家机密。

可以看出，网络空间安全面临的威胁复杂多样。没有网络安全就没有国家安全。正像海洋安全、空中安全出现后，迅速上升为国家安全一样，如今，网络空间安全不仅成为国家安全不可或缺的一员，更因其对陆地、海洋、空中甚至太空的高度渗透和制约，已成为国家综合安全的新的战略制高点。

1.5 网络空间安全与每个人息息相关

互联网是人类伟大的发明之一，它已经渗透到人们工作、学习、生活的方方面面。无论你是否承认或是否愿意，我们已经生活在网络空间之中。

马云在一次演讲中这样说："我爷爷那一辈人是靠报纸，我父亲那一辈人是靠广播，我们这一代人是靠电视，而（二十世纪）八九十年代的孩子则是靠网络。"中国互联网信息中心报告显示，截至2019年6月，我国网民规模达8.54亿，互联网普及率达61.2%，手机网民规模达8.47亿，网民使用手机上网的比例达99.1%。互联网与经济社会的融合度越来越高，出现了各种"互联网+"模式，特别是随着移动互联网和智能移动终端的出现，"低头族"和"手机控"成了流行词。网络社交、网络购物、网络搜索、网络资讯、网络电话、网络银行、网络医疗、网络游戏、网络娱乐、网络舆论、网络知识产权等已不再陌生。我们也相信，更多的网络应用将要推出，我们的生活会因为网络而变得更加美好。

任何事物都有两面性，我们在享受网络应用美好体验的同时，也必须面对由此带来的安全问题。事实上，网络安全问题伴随着网络的诞生而出现，随着网络应用的丰富而变得更加复杂。网络安全威胁离我们并不遥远，就在我们身边。

不合理设置网络终端、不重视个人数据保护、不了解智能移动终端安全问题等已让很多网民付出了代价。

网络交友被骗、网络账号被盗、沉迷网恋不能自拔等案例已屡见不鲜。

会员卡、网络购物、社交媒体、问卷调查等成为个人信息泄露的重灾区。

恶意软件恣意侵扰、新型木马层出不穷、钓鱼网站花样繁多，又有诈骗短信、诈骗电话、恶意链接等让我们防不胜防。

虚假信息、色情信息、网络谣言、消极文化、网络暴力、网络恶搞等严重污染网络生态。

虚假网站、劣质产品、非法支付等让我们真假难辨。

二维码、云存储、移动 App、大数据等应用也隐含风险。

网络由于其虚拟性、隐蔽性、成本低、取证难等原因，使得安全问题突出。据中国互联网信息中心发布的第 44 次《中国互联网发展状况统计报告》显示，2019 年上半年 45.4% 的网民在上网过程中遭遇过网络安全问题，在安全事件中，遭遇个人信息泄露的比
例最高，达到 24.0%；遭遇网络诈骗的占 21.5%；设备中病毒或木马的占 14.9%；账号或密码被盗的占 13.9%。生活在网络空间中，每个人都或多或少遇到过此类事件，因此，网络空间安全问题与每个人息息相关。

值得忧虑的是，广大网民法律意识还较为淡薄，大多数网民并不了解网络安全的相关法律法规，不清楚哪些网络行为违法，而当受到网络侵犯时，也不知道如何使用法律武器保护自己。值得庆幸的是，新技术的发展为保障网络安全提供了手段。随着人们对网络安全需求的进一步增强，可信计算、拟态安全、全同态加密、量子密码、云安全等技术的出现，使人们看到了解决传统安全问题的希望。

套用"有人的地方就有江湖"这句话，我们说，信息技术发展到今天，"有人的地方就有网络，有网络的地方就有安全问题"。网络是把双刃剑，不能因为它的方便、快捷就忽视它的安全问题，也不能因为它的安全问题就将其束之高阁。我们要增强网络安全意识，提高网络安全技能，了解网络安全法律知识，安全上网、用网。

延展
阅读

◈ **网络**

在计算机领域中，网络是信息传输、接收、共享的虚拟平台，通过通信线路和通信设备，将分布在不同地点的多台独立的计算机系统互相连接起来，实现相互之间信息资源的共享。网络是人类发展史上最重要的发明之一，当下人们的生活和工作已经和网络密不可分。利用网络，人们不仅可以实现资源共享，还可以交换资料、保持联系、进行娱乐等。

◈ **ARPANET**

1969 年 11 月，美国国防部高级研究计划局开始建立一个命名为 ARPANET 的网络，但是只有 4 个节点，分布在加州大学洛杉矶分校、加州大学圣巴巴拉分校、斯坦福大学、犹他大学的 4 台大型计算机上。到了 1975 年，ARPANET 已经连入了 100 多台主机，并结束了网络试验阶段，移交美国国防部国防通信局正式运行。ARPANET 就是历史上著名的"阿帕网"。

◈ **TCP/IP**

TCP/IP（Transmission Control Protocol/Internet Protocol，传输控制协议 / 网际协议）是 Internet 最基本的协议，是 Internet 国际互联网络的基础。TCP/IP 由网络层的 IP 协议和传输层的 TCP 协议组成。TCP/IP 定义了电子设备如何连入 Internet，以及数据在它们之间传输的标准。TCP/IP 采用 4 层层级结构，每层都呼叫它的下一层所提供的协议来完成自己的需求。通俗讲，TCP 负责发现传输的问题，一有问题就发出信号，要求重新传输，直到所有数据安全、正确地传输到目的地；而 IP 是给 Internet 的每台联网设备规定一个地址。

❈ **Internet**

Internet 的中文名称为因特网，又称国际互联网，是在美国早期的军用计算机网 ARPANET 的基础上经过不断发展变化而形成的。Internet 以相互交流信息资源为目的，基于一些共同的协议，并通过许多路由器与公共网络连接。Internet 是一个信息资源和资源共享的集合，实现了在任何地点、任何时间进行全球个人通信，使社会的运作方式和人类的学习、生活、工作方式发生了巨大的变化。

❈ **局域网**

局域网（Local Area Network，LAN）是在一个局部的地理范围内（如一个学校、工厂和机关内），一般是在方圆几千米内，将各种计算机、外部设备和数据库等互相连接起来组成的计算机通信网。局域网一般为一个部门或单位所有，建网、维护及扩展等较容易，系统灵活性高。其主要特点是：覆盖的地理范围较小，只在一个相对独立的局部范围内，如一座楼或集中的建筑群内；使用专门铺设的传输介质进行连接，数据传输速率高；通信延迟时间短，可靠性较高；可以支持多种传输介质。

❈ **万维网**

万维网也称环球网，英文全称为 World Wide Web，也简称为 Web、WWW、W3 等。万维网分为 Web 客户端和 Web 服务器，可以用 Web 客户端（常用浏览器）访问、浏览 Web 服务器上的页面。因此，万维网是无数个网络站点和网页的集合，是由超级链接连接而成的。万维网实际上是多媒体的集合，我们通常通过网络浏览器上网查看的就是万维网的内容。

❀ **电信网**

电信网是构成多个用户相互通信的，多个电信系统相互连接的通信体系，是人类实现远距离通信的重要基础设施。其利用电缆、无线、光纤或其他电磁系统，传送、发射和接收标识、文字、图像、声音或其他信号。电信网由终端设备、传输链路和交换设备三要素构成，运行时还应辅以信令系统、通信协议及相应的运行支撑系统。根据业务性质，电信网可分为电话网、公用电报网、用户电报网、数据通信网、传真通信网、图像通信网、可视图文通信网、电视传输网（有线电视网）等。

❀ **广电网**

广电网通常是各地有线电视网络公司（台）负责运营的，通过HFC（光纤＋同轴电缆混合网）向用户提供宽带服务，通过电缆调制解调器（Cable Modem）连接到计算机，实际速率视网络具体情况而定。有线电视信号就是通过广电网进入千家万户的。

❀ **移动通信网**

移动通信是一种沟通移动用户与固定点用户之间或移动用户之间的通信方式。通信网是一种使用交换设备、传输设备，将地理上分散的用户终端设备连接起来，实现通信和信息交换的系统。移动通信网是通信网的一个重要分支。移动通信具有移动性、自由性，以及不受时间、地点限制等特性，广受用户欢迎。其是与卫星通信、光通信并列的三大重要通信手段之一。移动通信网是手机业务的重要承载媒介。

❀ **计算机系统**

计算机系统由计算机硬件和软件两部分组成。硬件包括中央处理机、存储器和外部设备等；软件包括计算机的运行程序和相应的文档等。计算机系统具有接收和存储信息、按程序快速计算和判断并输出处理结果等功能。

● **信息系统**

信息系统（Information System）是由计算机硬件、网络和通信设备、计算机软件、信息资源、信息用户和规章制度等组成的，以处理信息流为目的的人机一体化系统。信息系统的 5 个基本功能是：输入、存储、处理、输出和控制，分别介绍如下。

① 输入功能：信息系统的输入功能决定于系统所要达到的目的及系统的能力和信息环境的许可。

② 存储功能：指系统存储各种信息资料和数据的能力。

③ 处理功能：指基于数据仓库技术的联机分析处理（OLAP）和数据挖掘（DM）技术。

④ 输出功能：信息系统的各种功能都是为了保证最终实现最佳的输出功能。

⑤ 控制功能：对构成系统的各种信息处理设备进行控制和管理，对信息的加工、处理、传输、输出等环节通过各种程序进行控制。

● **网格计算**

网格计算即分布式计算，是一门计算机科学。它研究如何把一个需要非常巨大的计算能力才能解决的问题分成许多小的部分，然后把这些部分分配给许多计算机进行处理，最后把这些计算结果综合起来得到最终结果。网格计算大大拓展了个体的计算能力，如通过因特网，用户可以分析来自外太空的电信号，寻找隐蔽的黑洞，或探索可能存在的外星智慧生命。

❀ **互联网 +**

"互联网 +"是互联网思维的进一步实践成果，推动经济形态不断发生演变，从而增加社会经济实体的生命力，为改革、创新、发展提供广阔的网络平台。"互联网 +"指"互联网 + 各个传统行业"，但这并不是简单的两者相加，而是利用信息通信技术及互联网平台，让互联网与传统行业进行深度融合，创造发展新生态。它代表一种新的社会形态，即充分发挥互联网在社会资源配置中的优化和集成作用，将互联网的创新成果深度融合于经济、社会等各个领域，提升全社会的创新力和生产力，形成更广泛的、以互联网为基础设施和实现工具的经济发展新形态。

❀ **通信安全**

通信安全不同于信息安全，它是建立在信号层面的安全，不涉及具体的数据信息内容，通信安全是信息安全的基础，为信息的正确、可靠传输提供物理保障。

❀ **信息安全**

信息安全主要包括 5 方面的内容，即信息的保密性、完整性、可用性、不可否认性和可靠性。从信息系统安全角度而言，就是信息系统（包括硬件、软件、数据、人、物理环境及其基础设施）受到保护，不因偶然的或者恶意的原因而遭到破坏、更改、泄露，系统连续、可靠、正常运行，信息服务不中断，最终实现业务连续性。

❀ **信息保障**

信息保障（Information Assurance，IA）概念是美国国防部于 20 世纪 90 年代率先提出的，后经多次修改、完善，已得到世界范围的广泛认可。与信息安全概念相比，信息保障概念的范围更加宽泛。从理念上看，以前信息安全强调的是"规避风险"，即防止发生并提供保护，破坏发生时无法挽回；而信息保障强调的是"风险管理"，即综合运用保护、探测、反应和恢复等多种措施，使得信息在攻击突破某层防御后，仍能确保一定级别的可用性、完整性、可靠性、保密性和不可否认性，并能及时对破坏进行修复。再者，以前的信息安全通常是单一或多种技术手段的简单累加，而信息保障则是对加密、访问控制、防火墙、安全路由等技术的综合运用，更注重入侵探测和灾难恢复技术。

❋ **云存储**

云存储是在云计算（Cloud Computing）概念上延伸和发展出来的一个新的概念，是一种新兴的网络存储技术，指通过集群应用、网络技术或分布式文件系统等功能，将网络中大量各种不同类型的存储设备通过应用软件集合起来协同工作，共同对外提供数据存储和业务访问功能的系统。

技能篇

　　网络基础设施的日趋完善和上网手段选择的多样化，使我们可以方便地感知网络和应用网络。但是我们的上网终端安全吗？网络应用安全吗？网络上的个人信息安全吗？这些问题需要我们慎重对待。了解这些问题的外在表象，分析这些问题的内在原因，给出这些问题的应对举措，提升网络应用安全防护能力，在当前显得非常重要。

增强终端应用防护技能

2.1 如何设置开机密码

2014 年 5 月 18 日，浙江湖州的吴女士发现支付宝上的 3 万多元不翼而飞，立即报警。后经湖州警方侦查，是因为两名 85 后嫌疑男子使用技术手段，远程操控了吴女士的计算机，在其中植入了木马病毒，然后转移了其支付宝内的款项，并通过 ATM 机取现。

据犯罪嫌疑人张某、邓某交代，半年时间里，他们已经作案 3 起，涉案金额达 20 多万元。主犯张某称其是利用某些软件扫描出受害人计算机存在漏洞（这些计算机连接互联网，且处于开机或待机状态，没有设置登录密码），然后登录受害人的

计算机查看资料、QQ 聊天记录等，了解受害人的个人信息、银行卡号等，最后将木马病毒植入受害人计算机，实现远程控制。

由此可见，设置开机密码对于计算机保护十分重要。那么，如何设置开机密码呢？这里以 Windows 7 和 Windows 10 系统为例，介绍开机密码的设置方法。

1. Windows 7 系统

❶ 单击"开始"按钮，选择"控制面板"选项，打开"控制面板"窗口。

❷ 在"控制面板"窗口中选择"用户账户①",打开"用户账户"的设置窗口。

❸ 如果没有设置密码,单击"为您的账户创建密码"。

❹ 输入新密码后,单击"创建密码"按钮即可。

❺ 如果已设置密码,可单击"更改密码"。

①操作截图中"帐户"的正确写法应为"账户"。

⑥ 按照提示更改密码，最后单击"更改密码"按钮即可。

2. Windows 10 系统

❶ 使用类似方法打开"控制面板"窗口。

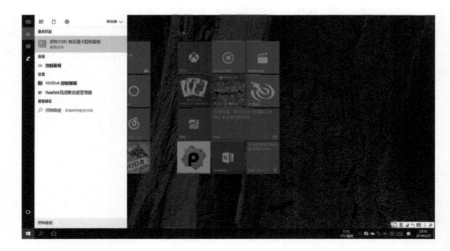

❷ 在"控制面板"窗口中单击"用户账户"。

❸ 在"用户账户"的设置窗口中单击"更改账户类型"。

❹ 在"管理账户"的设置窗口中选择"本地账户"。

❺ 如果没有设置密码，单击"更改账户"的"创建新密码"选项；如果已经设置过密码，单击"更改密码"选项，按提示操作即可更改密码。

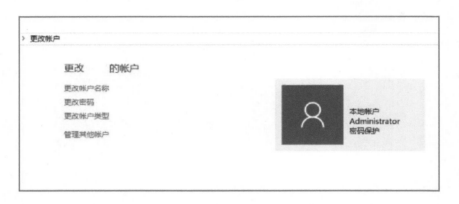

那么，什么样的密码安全性级别高呢？设置密码应注意以下几方面内容。

❶ 密码长度为 6 到 16 个字符。

❷ 密码安全性级别说明如下：

当仅使用英文字母、数字、特殊字符中的其中一种来设置密码时（如设置为 54894565、%$#!%@ 等），安全性级别为"不安全"；

当使用英文字母、数字、特殊字符的任意两种组合时（如设置为 uTEh47dy61、dg%ah$aj、25$2*04!63 等），安全性级别为"普通"；

当使用"英文字母＋数字＋特殊字符"的组合时（如设置为 sd8bjh*d、sge352%d 等），安全性级别为"安全"。

❸ 设置密码的错误方法如下：

密码用同一个字母或者数字，如 88888888、aaaaaa；

密码用简单、有规律的数字，如 789456、123321；

密码用连续数字或字母，如 3456789、987654、abcdef；

密码用姓名、生日、手机号、单位名称或其他任何可轻易获得的信息，如 zhangxueyou、19930427；

密码与账户名称相同是设置密码的一大忌。

2.2 如何正确设置浏览器

李夏是一个公司的职员，一天晚上加班赶制文档，由于要向客户汇报产品情况，需要获取大量网上信息，然而在制作中却发现浏览器的网页打不开了。第二天原计划向客户展示的材料未能完整汇总，客户见面对接效果也打了折扣。

在当今的工作和生活中，浏览器是我们不可或缺的工具。掌握浏览器的设置、使用方法十分必要，否则就会像李夏一样，使工作变得被动。

浏览器的设置包括安全、隐私、连接等，设置相关功能可以解决很多实际问题。例如，我们可能会遇到以下情况：在打开某一网页时，提示"找不到服务器或DNS错误"，要求检查浏览器设置，而打开其他网页是正常的；网页打开了，但一些视频或 Flash 文件却显示异常；打开网页时发现部分控件无法使用，如登录网银时只出现账号录入，却看不到密码输入的位置等。这些可能都与浏览器的设置密切相关，下面以"360 安全浏览器"为例，介绍如何进行浏览器设置。

1. 常规设置

❶ 在浏览器的"工具"菜单中单击"Internet 选项"，打开"Internet 属性"对话框。

❷ 在"常规"选项卡中，可以管理浏览器的浏览历史记录、搜索、选项卡、外观等设置功能。

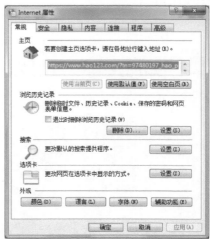

❸ 删除浏览历史记录可以节约空间，"搜索"设置可以扩展外部插件。

❹ "选项卡"可以设置网页在选项卡中显示的方式，如设置关闭多个选项卡时是否发出警告等，用户可以根据使用习惯选择。

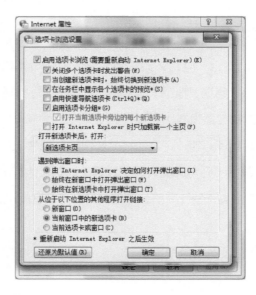

❺ "外观"主要提供一些特殊设置。例如，有些用户喜欢大字体，有些用户喜欢与众不同的浏览器外观视觉等，可以根据需求，对浏览器的颜色、语言、字体等进行设置。

2. 安全设置

❶ "Internet 属性"对话框中的"安全"选项卡可实现浏览器的核心设置,在浏览不同网页时可针对性地设置不同的安全等级。

❷ 其中,"Internet"表示访问互联网上的所有网页,"本地 Intranet"指本地的一些页面浏览,"受信任的站点"指自己定义的白名单站点,"受限制的站点"指自己定义的受限制站点。针对不同的网站可以设置不同的安全等级。

3. 其他设置

❶ 在"隐私"选项卡中可对一些网站进行限制管理。

❷ "内容"选项卡的设置主要涉及账户登录及登录一些网站的设置。其中，常用的是证书管理，可以管理网站发布的证书，如网银的 CA 证书等。

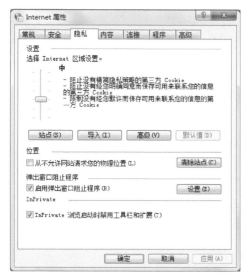
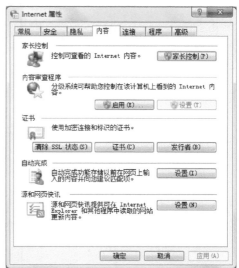

③ "连接"选项卡主要用于浏览器的连接方式设置，如拨号或局域网连接，这里的选项一般较少使用。

④ "程序"选项卡主要用于默认浏览器设置，以及管理加载项等。

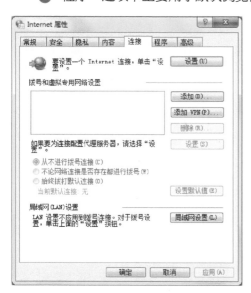
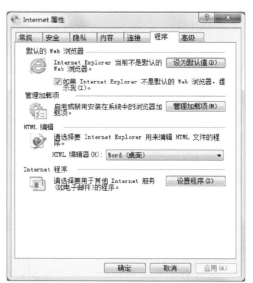

⑤ "高级"选项卡主要用于浏览器的常规选项设置。通常，网站的显要位置都会设置说明，根据说明在此选显卡中做相应设置即可。

2.3 如何使用防火墙给个人计算机上把锁

互联网是人类的伟大创造，丰富的网络资源逐渐成为我们赖以生存的物质基础，各种各样的网络应用与我们的生活息息相关，网上冲浪在当今社会已成为一种生活方式。威胁我们上网安全的因素有很多，保护我们上网的手段也不少。就个人计算机的使用而言，正确认识并设置防火墙十分必要，这可以加强从个人计算机到外部网络的保护。

在互联网上，用户或程序可能未经邀请就尝试访问我们的计算机。一般情况下，黑客经常使用扫描软件来查找与网络连接且不受保护的计算机，其会向计算机发送一

条很小的消息，如果计算机没有设置防火墙，则会自动应答该消息，这样黑客就会知道本台计算机不受保护。但是如果设置了防火墙，就可以避免这种情况的发生。

防火墙就像家里的门锁一样，从外面进来需要钥匙，从里面出去，则不需要钥匙。下面以 Windows 防火墙设置为例进行介绍。

❶ 单击"开始"按钮，选择"控制面板"选项。

❷ 在打开的窗口中单击"系统和安全"选项。

❸ 选择"Windows 防火墙"选项。

❹ 在打开的窗口左侧单击"打开或关闭 Windows 防火墙"选项。

❺ 可以根据需要启用或关闭防火墙。

经过这样简单的设置，就能够开启 Windows 防火墙，在进行网上冲浪时为自己的计算机增加一道安全屏障。当然，关于专业防火墙的设置可能非常复杂，需要学习更加专业的知识去完成操作。

2.4 如何正确设置家用路由器

当今，通过路由器上网已成为很多家庭的上网方式，不仅因为使用路由器上网方便，而且其还支持多个上网设备同时上网。一般而言，对于家用路由器，首次设置后（很多家庭都是网络服务商代为设置的），很少会再改变路由器的参数，甚至连原来设置的参数都记不清。

据了解，绝大多数家用路由器都使用了出厂时默认的账号和密码，没有修改管理账号的默认密码（并非 Wi-Fi 密码），导致黑客可以轻易进入路由器，篡改相关设置。一旦黑客成功更改路由器设置，就能监控用户的计算机、手机、平板电脑等各种设备的上网行为，伺机窃取网银和网购平台的账号、密码，甚至挟持用户访问钓鱼网站。

那么，如何正确设置家用路由器呢？相关步骤如下。

❶ 打开"控制面板"窗口。

❷ 单击"网络和共享中心"选项，打开"网络和共享中心"的设置窗口。

❸ 单击"更改适配器设置"选项。

❹ 在打开的窗口中，右击"本地连接"，选择"属性"命令，打开"本地连接
属性"对话框。

❺ 双击"Internet 协议版本 4（TCP/IPv4）"选项，在弹出的对话框中单击"自
动获得 IP 地址"和"自动获得 DNS 服务器地址"单选按钮。

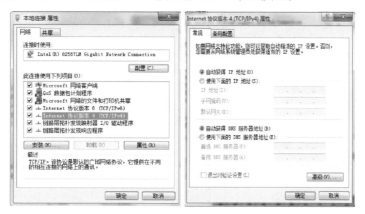

⑥ 打开 IE 浏览器，在地址栏中输入路由器背面的 IP（此处输入 192.168.1.1，注意，并不是所有路由器的登录地址都是 192.168.1.1，具体可以查看路由器背面的标记或说明书），打开路由器的管理界面，在弹出的登录框中输入路由器的管理账号（默认情况下，用户名为 admin，密码为 admin）。

⑦ 为了防止他人未授权登录路由器，需要对路由器的登录用户名和密码进行修改。在路由器管理界面的左侧菜单中找到"系统工具"下的"修改登录口令"选项。

⑧ 在"修改登录口令"界面，输入原用户名和原口令，再输入新用户名、新口令和确认新口令，单击"保存"按钮。

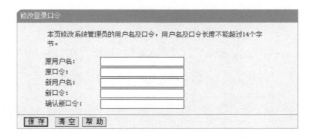

⑨ 路由器会再次弹出登录界面，此时输入修改后的登录用户名和密码即可。

⑩ 在路由器的管理界面选择"设置向导"，单击"下一步"按钮。

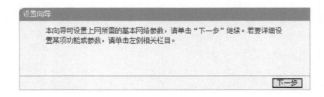

⑪ 在界面中选择正确的上网方式（常见上网方式有 PPPoE、动态 IP、静态 IP 三种），再单击"下一步"按钮。

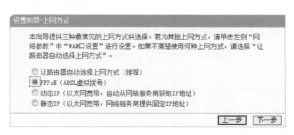

⑫ 输入"上网账号①""上网口令""确认口令"，单击"下一步"按钮。

⑬ 设置 SSID 和 PSK 密码（如果是有线宽带路由器，此步跳过）。

SSID 即路由器的无线网络名称，可以自行设定，建议使用英文字母和数字组合的 SSID（尽量不要使用中文、特殊字符，避免部分无线客户端不支持中文或特殊字符，导致无法连接）。PSK 密码是连接无线网络时的身份凭证，设置后将保护路由器的无线安全，防止其他人"蹭网"。

⑭ 设置完成，单击系统工具，重起路由器即可。

---

① 操作截图中"帐号"的正确写法应为"账号"。

2.5 如何正确设置 Wi-Fi 热点

现在，几乎所有的智能手机、平板电脑和笔记本电脑都支持无线上网功能。人们通常使用无线路由器上网，在无线路由器的电波覆盖有效范围内都可以采用 Wi-Fi 方式联网。

在没有无线路由器时，我们常会听身边人说道："谁的手机流量多，给我分享个热点吧"，这里说的"热点"一般就是指 Wi-Fi 热点。Wi-Fi 热点是将手机等无线设备接收的 GPRS、3G、4G 信号或其他网络信号转化为 Wi-Fi 信号，再发送出去，这样手机等无线设备就成了一个 Wi-Fi 热点。那么，如何正确设置 Wi-Fi 热点呢？下面以手机和笔记本电脑为例，分别进行设置。

注意，手机必须有无线 AP 功能才可设置热点。以苹果手机为例，设置方法如下。

❶ 在手机的菜单中找到"设置"选项，并点击进入。

❷ 选择"蜂窝移动网络"，并点击进入。

❸ 将"蜂窝移动数据"和"启用 4G"都打开。

④ 然后再选择"个人热点",并点击进入,将个人热点打开。

⑤ 对"Wi-Fi"密码进行设置。

为了防止陌生人"蹭网",同时防止自己的信息泄露,因此需要设置安全性级别高的密码。输入密码后,点击"完成"。

下面,以 Windows 7 系统笔记本电脑为例,介绍 Wi-Fi 热点设置。

❶ 单击"开始"按钮,选择"运行"命令,打开"运行"对话框。

❷ 在"运行"对话框的"打开"中输入"cmd",然后单击"确定"按钮。

❸ 在打开的窗口中输入如下命令启用虚拟无线网卡: netsh wlan set hostednetwork mode=allow ssid=(无线网名称) key=(无线网密码)。

这时，在"网络连接"的设置窗口中就可以看到一个"无线网络连接 2"的虚拟网卡。

❹ 右击"本地连接"，选择"属性"命令，打开"本地连接 属性"对话框。

❺ 选择"共享"选项卡，勾选其中的 2 个复选框，并选择刚刚添加的"无线网络连接 2"虚拟网卡，单击"确定"按钮。

❻ 继续运行命令"netsh wlan start hostednetwork"。

然后，即可开启之前设置好的无线网络。这时，附近的手机就可以连接该无线网络了。

❼ 如果想要关闭该无线网络，则运行命令"netsh wlan stop hostednetwork"即可。

2.6 如何安全使用家用智能摄像头设备

随着科学技术的发展，电子产品越来越丰富，其中不乏一些智能家居产品，如智能摄像头、儿童电话手表（含摄像头）等，有些家庭还购买了家用机器人。无疑，智能家居产品大大提升了我们的生活品质，在更多方面成为我们的生活助手，但若使用不当，智能家居产品也会成为不法分子"窥视"我们个人隐私的"帮手"。

2017 年 6 月 18 日，国家质检总局发布了关于智能摄像头的质量安全风险警示。在检测的 40 批次样品中，32 批次存在质量安全隐患，可能会导致用户的监控视频泄露，或智能摄像头被恶意控制等。没想到被黑客攻击后的智能摄像头，可能会成为"他人之眼"。

智能摄像头通常指不需要连接计算机，直接使用 Wi-Fi 联网，配有移动终端应用软件，可以远程实时查看、操作监控视角，甚至还支持视频分享、移动侦测报警等，集多种功能于一体的智能家居产品。其具有安装门槛低、操作简单、功能强大等特点，受到广大用户的喜爱。但不可否认，智能摄像头同时也存在着稳定性差、安全性低等问题，很容易被黑客攻破，成为黑客非法窃取用户个人隐私的帮凶。甚至在网络上可以搜索到破解智能摄像头的方法，还有不法人员兜售破解工具和教程，提供破解的 IP 地址、登录账号和密码等。

那么，普通用户如何提升智能摄像头的应用安全性呢？

（1）提高智能摄像头密码的安全强度

一是修改默认管理密码，在安装智能摄像头后，首先要登录 Web 管理界面或者手机的应用程序，修改智能摄像头的默认管理密码；二是增加密码复杂度，避免使用简单的数字、英文字母，以及与生日、重要日期等关联度大的密码，应尽可能地采用数字、英文字母、特殊字符、大小写等多种组合方式；三是定期更换密码，即使密码被暴力破解，也可以通过更换密码的方式来保证安全。

（2）适时关闭智能摄像头

当家里有人，不需要智能摄像头时，可以采取切断电源、拔除网线、关闭 Wi-Fi 连接等方式关闭智能摄像头，或切断其与互联网的连接，防止智能摄像头在不必要的时间"偷偷工作"。

（3）及时升级软件

软件由数万行代码构成，硬件由众多逻辑门电路构成，在设计和生产过程中难免会有漏洞。厂家大多会为软件进行升级更新，增打补丁，封堵漏洞。作为用户，在厂家提供软件或者固件更新时，应及时升级更新。一旦发现问题，应立即停止使用，并向厂家反馈，等待修复。

（4）增强安全意识

没有意识到危险是最大的危险。我们应提高自身安全意识，注意保护个人隐私。大多数人在选用智能摄像头时，仅将其看成一种提供了监控服务的商品，却没有考虑到个人隐私泄露等安全隐患。建议采用"最小化"原则，即以能够满足自身需求为尺度，摒弃无关功能，最小化地选择和使用智能摄像头。

（5）选购知名品牌产品

众所周知，知名品牌厂家研发能力强，售后服务较为完善，在设计和生产时更加注意安全问题，可能存在的安全漏洞较少，一旦出现安全漏洞，能够及时响应，在安全方面有较好的保障。相对而言，山寨机、贴牌机等"三无产品"，在软件编程、硬件设计等方面漏洞较多，响应回复困难。

当前，随着物联网技术的飞速发展，智能冰箱、网络电视等智能家居产品层出不穷，智能手环、智能手表等可穿戴设备应用广泛，硬件智能化已是大势所趋。但它们在给人类带来各种便利的同时，也使得个人隐私泄露的风险越来越大。在智能化、网络化的今天，我们必须树立起网络安全意识，提高防范技能。

2.7　如何安全设置智能移动终端

　　当今，智能手机、平板电脑等智能移动终端的功能越来越强大，为我们的学习生活和日常应用提供了很多便利。我们对智能移动终端的依赖性也越来越强，或者说使用这些终端已经成为一种生活方式。而对于手机控、平板控一族，不夸张地说，智能移动终端已经成为其身体的一部分，是其感知世界、表现自我的重要方式。

　　智能移动终端是从以语音通信应用为主的手机业务发展起来的，而数据应用服务所占的比重却日益增加。合理设置智能移动终端，是安全使用的必要环节。智能移动终端的设置涉及很多方面，包含很多要素，在使用之前我们有必要熟悉一下。下面介绍几种应用设置方法。

　　首先，介绍锁屏密码的设置，这是防止他人未经许可使用自己终端的简单方法。以华为 P8 手机为例，设置如下。

　　❶ 进入手机设置界面。

　　❷ 找到"隐私和安全"，选择"锁屏和密码"选项。

　　❸ 选择"锁屏密码"。

　　❹ 选择"图案密码"、"数字密码"或"混合密码"，输入自己设定的密码，并再次确认，即可完成设置。

除此之外，还有一些比较常用的设置，如"权限管理"，可以设置如下。

❶ 进入手机设置界面。

❷ 找到"隐私和安全"，选择"权限管理"选项，可以对手机 App 调用隐私数据的权限进行设定（如读取联系人、读取短信／彩信、读取通话记录、调用摄像头、启用录音等权限，这里以"读取联系人"权限为例说明）。

❸ 进入"读取联系人"选项。

❹ 可以将权限设置为"允许"、"提示"或"禁止"。

其实，手机等智能移动终端的设置相对简单，大家只要经常使用，自然也就熟练了。值得注意的是，对于我们常用的手机和平板电脑，一些功能还需要提前设置好，如上面提到的锁屏密码等功能可以为我们安全使用设备提供基本保障。

2.8 如何正确安装和管理手机应用程序

2017 年 10 月 26 日，南宁市民张先生的手机出现故障，他想通过重新安装程序的方法使手机恢复正常，于是将手机拿到附近一家手机店"刷机"。但没想到的是，这一刷却刷出了问题。"刷机"后的两天内，他的银行账户莫名多了十几笔转账，被盗窃款项近1万元。据技术人员鉴定,张先生的手机中植入了病毒木马,窃取到了其手机、微信、银行卡的密码等隐私信息。张先生回想,这些病毒木马可能就是"刷机"时被植入的。

恶意的手机应用程序很多,一不小心就会给用户带来麻烦。例如,拿到一部新手机后,有些用户会迫不及待地安装应用程序,机械地点击"同意"按钮,直至程序安装完毕。但他们却不会关注某些应用程序的安装"条款",有些"条款"会要求开启用户手机的某些权限或使用某种功能。

甚至,有些用户热衷于"刷机",秉承"我的手机我做主,一言不合就刷机",刷机后安装大量软件,只追求功能上的"高、大、上",而不顾安全,殊不知这样会为"流氓App"提供可乘之机。

"刷机"或进行root(获得超级管理员权限)操作没有权限的限制,"流氓App"可以获得手机的任何权限,很可能造成重大安全隐患。有些应用程序打开后,会弹出广告;有的会在后台自行下载数据,窃取流量;为了不被用户察觉其耗电速度变快,一些恶意程序通常会选择夜间,在用户给手机充电时偷偷下载;还有一些恶意程序会定期去云端下载要推广的应用;有的甚至会盗取用户手机中的个人信息,如银行卡、通讯录等。

为了保证手机的正常、安全使用,可参考以下方法安装、管理手机应用程序。

❶ 通过正规的软件商店或网站下载手机应用程序。这些平台会对应用程序进行安全检测,可以保证安装的应用程序是安全的,而非恶意程序。

❷ 仔细阅读应用程序安装说明,谨慎操作。一些用户在下载应用程序时,不会仔细查看授予该程序的权限,而是一味地点击"同意"按钮。事实上,软件安装时提示的发短信、查通讯录、连接互联网、GPS定位等权限均值得我们留意,这些功

能极易暴露个人隐私。"发短信"权限是不少应用程序偷发短信、订购付费服务等，造成手机"吸费"的原因之一。还有一些用户为了更改一些关键的设置，使手机更炫，随意授予某些应用程序 root 权限，以至于这些应用程序可以随意更改系统文件，导致手机的安全性大大降低。

❸ 在不接收数据时，应关闭蓝牙和 Wi-Fi 功能。部分用户手机的蓝牙和 Wi-Fi 功能长期处于开放状态，殊不知这样极易造成安全隐患。黑客可以通过与用户手机建立无线连接，悄悄地将恶意程序发送到用户手机。因此，在不接收数据时，应关闭蓝牙和 Wi-Fi 功能，防止恶意程序的入侵。

❹ 安装杀毒和防护软件能够有效防止恶意程序入侵。对于一般恶意程序入侵，杀毒和防护软件会提醒用户并主动拦截。

如何正确备份并还原手机数据

某手机厂商又推出了新型号，作为发烧友的小明购置了一部新手机，同时希望把旧手机存储的资料导入到新手机。显然，小明首先需要将旧手机中的资料备份。那么，如何正确备份手机中的资料，并在需要时还原这些资料呢？

手机备份指将手机内的资料（包括通讯录、短信、照片、视频、通话记录、应用软件等数据）进行备份，以防数据丢失。手机还原是将某个备份数据还原到手机，使被还原手机中的数据和备份时手机中的数据一样。手机备份一般可以通过备份还原软件将资料上传云端或个人计算机，还原时，通过备份还原软件从云端或个人计算机下载到手机。

手机的备份与还原软件很多，如豌豆荚、蜡笔同步、QQ 同步助手、手机 360 助手，以及各类品牌手机的客户端程序（华为手机助手、小米手机助手）等。这里以华为手机助手为例，介绍手机的备份与还原操作。

备份操作如下。

❶ 打开华为手机助手，进入"首页"界面，选择"数据备份"。

❷ 进入"数据备份"界面，出现"联系人""短信""通话记录""应用"等备份项，选择需要备份的项目。

❸ 单击"数据备份"界面右下角的"更多设置"，可以指定备份文件存放的位置（如果不设置，将采用默认位置）。

❹ 选择好备份项，设置好备份文件存放的位置后，单击"开始备份"按钮，显

示备份进度，直到备份完成。

还原操作如下。

❶ 打开华为手机助手，进入"首页"界面，选择"数据恢复"。

❷ 在"数据恢复"界面，选择备份记录及与该备份对应的项目（默认全选），单击"开始恢复"按钮，等待恢复完成即可。

2.10　如何处理智能移动终端丢失后的安全问题

"实在想不起来手机丢在哪里了，回来的路上我还打电话呢。"小丽向小华抱怨到。令小丽担心的是，由于她平时喜欢网购，手机中绑定了多种支付方式，虽然设置了密码，可还是存在被盗刷的风险。于是小华建议小丽："不管怎么样，你还是先挂失手机号吧，其他的以后再说。"

的确，手机等智能移动终端已经成为我们生活的一部分，一旦手机丢失，我们应该这么做：

❶ 打电话和发短信给自己的手机，看能否找回；

❷ 打电话给运营商，挂失手机号；

❸ 若开通了手机银行业务，则联系相关银行，按照相应操作，冻结网上支付方式；

❹ 尽快登录微信、微博、QQ 等社交网络平台，修改密码，同时，告知好友，手机丢失，提醒他们不要轻信通过你的账号在这些平台上发布的信息，防止好友受骗，造成不必要的财产损失。

延展
阅读

◆ **操作系统**

操作系统（Operating System，OS）是管理和控制计算机硬件与软件资源的计算机程序，是直接运行在"裸机"上的最基本的系统软件，任何其他软件都必须在操作系统的支持下才能运行。操作系统是用户和计算机的接口，也是计算机硬件和其他软件的接口。操作系统的功能包括管理计算机系统的硬件、软件及数据资源，控制程序运行，改善人机界面，为其他应用软件提供支持，让计算机系统所有资源最大限度地发挥作用，提供各种形式的用户界面，使用户有一个好的工作环境，为其他软件的开发提供必要的服务和相应的接口等。实际上，用户是不用接触操作系统的，操作系统管理着计算机硬件资源，同时按照应用程序的资源请求，分配资源，如划分 CPU 时间、内存空间的开辟、调用打印机等。

◆ **Windows XP 系统**

Windows XP 系统是微软公司（Microsoft）推出的供个人计算机使用的操作系统。其中，"XP"的意思是英文中的"体验（Experience）"，是继 Windows 2000 及 Windows ME/9X 后的首个面向消费者且使用 Windows NT 5.1 架构的操作系统。

◆ **Windows 7 系统**

Windows 7 系统是由微软公司开发的操作系统，核心版本号为 Windows NT 6.1。Windows 7 可供家庭及商业工作环境、笔记本电脑、平板电脑、多媒体中心等使用。Windows 7 延续了 Windows Vista 的 Aero 1.0 风格，并且更胜一筹。

❉ **Windows 10 系统**

Windows 10 系统是微软公司研发的跨平台及设备应用的操作系统，是微软公司发布的最后一个独立 Windows 版本。Windows 10 的版本包括家庭版、专业版、企业版、教育版、移动版、移动企业版、专业工作站版、物联网核心版。

❉ **开机密码**

为了保护计算机数据的安全或者出于保护个人隐私等原因，用户为自己的计算机设置了允许登录进入计算机的密码。设置好开机密码后，在开机或者解锁计算机时都要输入正确的密码才能进入计算机系统，这样就保证了计算机的安全。开机密码严格意义上讲只是一个"口令"。

❉ **控制面板**

控制面板（Control Panel）是 Windows 图形用户界面的一部分，可通过"开始"菜单访问。它允许用户查看并操作基本的系统设置，如添加 / 删除软件、控制用户账户、更改辅助功能选项等。控制面板的功能一般是用来设置系统的。

❉ **GPS 定位**

GPS（Global Positioning System）即全球定位系统，过去指美国建立的一个卫星导航定位系统。利用该系统，用户  可以在全球范围内实现全天候、连续、实时的三维导航定位和测速。另外，利用该系统，用户还能够进行高精度的时间传递和高精度的定位。目前，我国已经建立起具有自主知识产权的北斗导航定位系统。除上述功能外，北斗导航还能进行短报文通信，其应用越来越广泛。

❀ **程序**

程序又称计算机程序，指为了得到某种结果，由计算机等具有信息处理能力的装置执行的代码化指令序列，或者可以被自动转换成代码化指令序列的符号化指令序列和符号化语句序列。

❀ **文档**

文档是软件开发使用和维护的必备资料。软件文档指用来描述程序的内容、组成、设计、功能规格、开发情况、测试结果及使用方法的文字资料和图表等，如程序设计说明书、流程图、用户手册等。

❀ **格式化**

格式化（Format）指对磁盘或磁盘中的分区（Partition）进行初始化的一种操作，这种操作通常会导致现有的磁盘或分区中所有的文件被清除。格式化通常分为低级格式化和高级格式化。如果没有特别指明，对硬盘的格式化通常指高级格式化，而对软盘的格式化包括两者。

❀ **路由器**

路由器（Router），又称网关（Gateway）设备，是连接互联网中各局域网、广域网的设备，它会根据信道的情况自动选择和设定路由，以最佳路径，按前后顺序发送信号。路由器是互联网络的枢纽，像是"交通警察"。其用于连接多个逻辑上分开的网络，所谓逻辑网络是代表一个单独的网络或者一个子网。当数据从一个子网传输到另一个子网时，可通过路由器的路由功能来完成。因此，路由器具有判断网络地址和选择 IP 路径的功能，它能在多网络互联环境中，建立灵活的连接，可用完全不同的数据分组和介质访问方法连接各种子网。路由器只接收源站或其他路由器的信息，属于网络层的一种互联设备。

❋ **蓝牙**

蓝牙（Bluetooth）是一种无线技术标准，可实现固定设备、移动设备和楼宇个人域网之间的短距离数据交换。蓝牙技术最初由爱立信公司于 1994 年创制，当时是作为 RS-232 数据线的替代方案。蓝牙可连接多个设备，克服了数据同步的难题。

❋ **CA 证书**

CA 是证书的签发机构，是 PKI 的核心。CA 负责签发证书、认证证书、管理已颁发证书的机构。其需要制定政策和具体步骤来验证、识别用户身份，并对用户证书进行签名，以确保证书持有者的身份和公钥的拥有权。CA 是可以信任的第三方。

❋ **PPPoE**

PPPoE 是在以太网上实现点对点协议，是将点对点协议封装在以太网框架中的一种网络隧道协议。由于协议中集成了 PPP 协议，所以实现了传统以太网不能提供的身份验证、用户管理及数据加密等功能。

❋ **防火墙**

防火墙指一个由软件和硬件设备组合而成，在计算机和它所连接的网络之间，在内部网和外部网之间，专用网与公共网之间设置的一道保护屏障。它允许经过"同意"的人和数据进入网络，同时将"不同意"的人和数据拒之门外，最大限度地阻止网络中的黑客访问计算机或网络。

❋ **挂马**

挂马指黑客通过各种手段，获得网站管理员账号，然后登录网站后台，修改网站页面的内容，向页面加入恶意转向代码的行为。当用户访问被加入恶意代码的页面时，就会自动访问被转向的地址或者下载木马病毒。很多游戏网站被挂马，目的就是盗取浏览该网站的玩家的游戏账号，而那些大型网站被挂马，则是为了搜集大量的肉鸡。网站被挂马不仅会让网站失去信誉，丢失大量客户，也会让广大用户陷入黑客设下的陷阱，沦为黑客的肉鸡。如果不小心进入了已被挂马的网站，感染木马病毒，则会丢失大量宝贵文件资料及账号、密码等，危害极大。

❋ **杀毒软件**

杀毒软件也称反病毒软件或防毒软件，是用于消除计算机病毒、特洛伊木马和恶意软件等会对计算机造成威胁的一类软件。杀毒软件通常集成监控识别、病毒扫描清除和自动升级等功能，有的杀毒软件还带有数据恢复等功能，是计算机防御系统（包含杀毒软件、防火墙、特洛伊木马和其他恶意软件的查杀程序、入侵预防系统等）的重要组成部分。

❋ **智能手机**

智能手机指像个人计算机一样，具有独立的操作系统，独立的运行空间，可以由用户自行安装软件、游戏、导航等第三方服务商提供的程序，并可以通过移动通信网络实现无线网络接入的手机类型的总称。

❋ **平板电脑**

平板电脑也称便携式电脑（Tablet Personal Computer，简称 Tablet PC、Flat PC、Tablet、Slates），是一种小型、方便携带的个人计算机，以触摸屏作为基本的输入设备。有的触摸屏（也称为数位板技术）还允许用户通过触控笔或数字笔进行作业，而不是通过传统的键盘或鼠标。用户可以通过内建的手写识别、屏幕上的软键盘、语音识别或者一个真正的键盘（部分机型配备）实现输入。

❋ **移动银行服务**

移动银行服务（Mobile Banking Service）也可称为手机银行服务，是利用移动通信网络及终端办理相关银行业务的简称。作为一种结合了货币电子化与移动通信的服务，移动银行业务不仅可以使人们在任何时间、任何地点处理多种金融业务，而且极大地丰富了银行服务的内涵，使银行能以便利、高效而又较为安全的方式为用户提供传统和创新的服务。

❋ **数据安全**

数据安全有两方面的含义：一是数据本身的安全，主要指采用现代密码算法对数据进行主动保护，如数据保密、数据完整性、双向强身份认证等；二是数据防护的安全，主要采用现代信息存储手段对数据进行主动防护，如通过磁盘阵列、数据备份、异地容灾等手段保证数据的安全。

❋ **密码**

密码是一种用来混淆的技术，其希望将正常的（可识别的）信息转变为无法识别的信息。密码是按特定法则编成的，用以对通信双方的信息进行明密变换的符号。换而言之，密码是隐蔽了真实内容的符号序列。就是把用公开的、标准的信息编码表示的信息通过一种变换手段，将其变为除通信双方以外其他人所不能读懂的信息编码，这种独特的信息编码就是密码。

❋ **加密**

加密是以某种特殊的算法改变原有的信息数据，使得未授权的用户即使获得了已加密的信息，但因不知解密的方法，仍然无法了解信息的内容。

❋ **保密性**

保密性指网络信息不被泄露给非授权的用户、实体或过程，即信息只被授权用户使用。保密性是在可靠性和可用性基础之上，保障网络信息安全的重要手段。

❋ **完整性**

完整性指在传输、存储信息或数据的过程中，确保信息或数据不被未授权的篡改或在篡改后能够被迅速发现，只有授权用户才可以存取访问和修改数据。为了控制数据的完整性，经常采取的措施包括：控制网络终端和服务器的实际环境、限制数据获取途径、强化身份验证程序等。

提高网络应用防护技能

3.1 如何扫除流氓软件的侵扰

我们在使用计算机的过程中，可能会遇到这样的情况：计算机中莫名其妙地多了很多不必要的程序，有些与我们已知的应用软件混在一起，不时会弹出小广告；有些会不间断地提醒我们继续安装某些应用服务；有些甚至会诱导我们改变浏览器等软件的设置。出现这种现象可能是由于计算机受到了流氓软件的干扰。

流氓软件指在未明确提示用户或未经用户许可的情况下，在用户计算机或其他终端强行安装运行侵犯用户合法权益的软件。

流氓软件最大的商业用途就是散布广告，并形成整条灰色产业链。企业为增加注册用户、提高访问量或推销产品，向网络广告公司购买广告窗口流量，网络广告公司用自己控制的广告插件程序，在用户的计算机中强行弹出广告窗口。

为了让广告插件神不知鬼不觉地进入用户计算机，大多数时候广告公司是通过联系热门免费共享软件的作者，以每次几分钱的价格把广告程序通过插件的形式捆绑到免费共享软件中，用户在下载安装这些免费共享软件时广告程序也就趁机而入了。

为了避免安装流氓软件，我们可以按照以下方法操作。

❶ 从软件的官方网站等正规渠道下载软件。

❷ 安装软件要谨慎，部分附带软件在默认状态下会安装到用户的计算机，所以切忌一味地选择"下一步"，需要看清选项，不需要的软件坚决剔除。需要注意的是，即便是我们常用的软件也会有不知道的小程序隐藏其中。

❸ 软件安装完成后，检查一下自己的计算机是否出现异常，如浏览器默认首页是否发生变化，快速启动栏和桌面是否出现其他新图标，开始菜单中是否出现新的不知名软件等。

❹ 如果我们不慎安装了流氓软件，在计算机中找到安装的位置，使用第三方软件或系统自带工具将其删除即可。

因此，我们在下载和安装软件时，需要多留心，不是什么软件都可以下载，更不是什么软件都可以选择默认方式安装。高度关注以上几点，可以有效避免流氓软件的骚扰。

3.2 如何辨析计算机中毒

我们知道人有的时候会生病，生病了需要找医生，医生会根据症状判断得了什么病，然后对症治疗。其实，计算机也会生病，其原因往往是"中毒"，也会出现一些相应的症状。了解这些症状，是判断计算机中毒，进而给计算机杀毒治疗的基础。

那么，计算机中毒有哪些症状呢？我们列举以下几种情况。

❶ 打开浏览器后出现的页面并不是设置的页面，主页地址变成了陌生网址，而且很难改回自己设置的主页。

❷ 计算机桌面多出来类似"网上淘宝""免费电影""软件下载""在线小游戏"等广告图标，双击后会打开特定的网页，内容通常是商品推介等。

❸ 如果我们的网络状况正常，联网游戏却时常掉线，也没有特别的提醒，这很可能是有人在试图盗取账号和密码。

❹ 出现鼠标光标自行移动、摄像头自动打开、硬盘灯无故闪烁、光驱无故弹出现象，很可能是有人在远程控制你的计算机。

❺ 计算机中的安全防护软件失效，无论是单击软件的快捷方式还是直接运行程序均不能启动，甚至安全软件厂商的官网也无法访问，这是非常糟糕的一类情况。

❻ 浏览器并不会访问地址栏中输入的网址。例如，我们想访问网站 A，打开的却是网站 B，这通常是因为计算机感染了病毒，造成域名解析错误。

❼ 计算机突然运行变慢，上网不顺畅，在"任务管理器"中多了陌生进程，而且无法停止。

当我们的计算机出现以上类似症状时，基本可以断定为中毒。当然，计算机中毒还有一些其他症状，需要我们留心观察，如果发现不寻常的现象，就要引起注意。

3.3 如何简易查杀计算机病毒

在信息化和网络化时代，个人计算机已经不再是信息孤岛，只要同外界存在数据交换，就有感染病毒的可能，即便安装了防病毒软件，也不可完全避免。打个比方，无论我们多么注重身体保护，也不能避免生病，关键是在生病后要懂得如何及时治疗。同样，计算机中毒了，就要杀毒，不可能因为害怕中毒，就不再使用。

那么计算机病毒到底是什么，又是如何侵害计算机的呢？计算机病毒是编制者

在计算机程序中插入的破坏计算机功能或者数据的代码，能够影响计算机的使用，可自我复制的一组计算机指令或程序代码。计算机病毒具有传播性、隐蔽性、感染性、潜伏性、可激发性和破坏性。

计算机病毒具有独特的复制能力，能够快速蔓延，又常常难以根除。它们能把自身附着在各种类型的文件上，当文件被复制，或从一个用户传送到另一个用户时，它们就随同文件一起蔓延开来。

计算机感染病毒后会出现两种情况，可通过如下方法分别进行杀毒。

情况一：计算机可以正常运行

❶ 如果在中毒后计算机可以正常运行，那么就千万不要再登录账号或进行修改密码等操作，应及时使用计算机杀毒软件杀毒。

❷ 等待杀毒完成后，一定要重新启动计算机，因为大多数病毒都是在重启后，才会彻底清除的。重启完成后，修改中毒期间使用过的账号和密码。

情况二：计算机无法正常运行

❶ 如果中毒后计算机出现无法正常运行的情况，如程序打不开，计算机键盘、鼠标被锁定，那么一定要及时拔掉网线或直接关闭路由器。

❷ 然后在重启计算机的过程中连续按 F8 键，进入网络安全模式。随后正常连接网络，下载计算机杀毒软件，进行杀毒即可。

另外，在查杀病毒时，为确保病毒的彻底清除，一定要选择正规的计算机杀毒软件，还要养成定期查杀计算机病毒的习惯，就好比人要定期体检一样。在查杀病毒完成后，还要牢记重启计算机。

3.4　如何认识并防范蠕虫病毒

有时正常使用的计算机会突然变慢，甚至崩溃，或出现蓝屏、频繁重启等情况，这很可能是因为中毒了，这类病毒一般属于蠕虫病毒。

蠕虫病毒是一种常见的计算机病毒，一般通过网络和电子邮件进行复制和传播，它能将自身的全部功能或部分功能传递到其他的计算机系统中。这类病病毒之所以称为蠕虫病毒，是因为在早期的 DOS 环境下，该类病毒发作时会在屏幕上出现类似虫子的图形，胡乱吞吃屏幕上的字母并将其改形。常见的蠕虫病毒包括"熊猫烧香"病毒、"尼姆亚"病毒等，这些病毒对计算机程序和系统本身的破坏尤其严重。

那么，我们应该如何预防呢？

❶ 首先需要提高安全防范意识，深刻认识蠕虫病毒的危害性，不能轻视这类病毒对个人计算机的侵害。

❷ 蠕虫病毒往往会伪装成人们感兴趣的链接，或者隐藏在邮件附件中，在单击某些链接或下载附件时要格外小心，提高警惕。

❸ 蠕虫病毒的查杀一般需要借助第三方杀毒软件，我们可以安装具备内存和邮件实时监控功能的高级别杀毒软件。

❹ 蠕虫病毒的传播速度快、变种多，所以需要定期更新病毒库，以便查杀最新病毒。

❺ 建议在"安全模式"下查杀蠕虫病毒。开机时，待系统自检完成后，进入安全模式，启动杀毒软件杀毒即可。

3.5 如何认识并防范木马侵袭

2012 年 2 月，重庆市公安局网络安全总队接到报案，有市民反映 QQ 号中了木马，其 Q 币全部被窃取。警方发现，这些 Q 币被一个名为"小懒虫"的 ID 转换成一款游戏币。经查，在不到一个月的时间内，"小懒虫"涉及转换Q币价值人民币近29万元。

实际上，"小懒虫"是王某制造的木马病毒，主要挂在不良网站、非法链接上，或者与流氓软件捆绑。若不慎安装，在没有防病毒软件监控的情况下，能够轻易盗取QQ账号。随后，再将Q币转换成网络商品，最终套现。

木马也称木马病毒，能够通过特定的程序（木马程序）控制另一台计算机，是比较常见的病毒。不同于一般的病毒，木马不会自我繁殖，也不会感染其他文件，但是在通过伪装诱使用户下载执行后，可按施种者的意愿任意毁坏、窃取被种主机的文件，甚至远程操控被种主机。

根据不同的木马变种，木马病毒主要分为以下几类。

（1）网络游戏木马

网络游戏木马通常采用记录用户键盘输入、Hook游戏进程、API函数等方法获取用户的密码和账号。然后，再将窃取的信息通过发送电子邮件或向远程脚本程序提交的方式发送给木马作者。值得一提的是，流行的网络游戏，大多遭受着网络游戏木马的威胁。通常，一款新游戏正式发布后的一到两个星期内，就会有相应的木马程序被制作出来。

（2）网上银行木马

网上银行木马是针对网上交易系统编写的木马病毒，其目的是盗取用户的卡号和密码，甚至是安全证书。此类木马在种类和数量上均低于网络游戏木马，但其危害性更大。网上银行木马的针对性较强，木马作者首先对银行的网上交易系统进行详细分析，然后针对其安全薄弱的环节编写病毒程序。

（3）FTP 木马

FTP（File Transfer Protocol）是文件传输协议的简称，用于在 Internet 上控制文件的双向传输。FTP 木马将打开被控制计算机的 21 号端口（FTP 所使用的默认端口），随后每个人都可以通过一个 FTP 客户端程序，在不需要输入密码的情况下直接连接到受控制端计算机，并且可以进行最高权限的上传和下载，窃取受害者的文件。新 FTP 木马还添加了密码功能，只有攻击者本人知道正确的密码，可随时访问受控的计算机。

那么，我们应该如何加强防范呢？

❶ 不随意打开不明网页、链接，不登录不良网站，这些地点是木马病毒最"喜欢"的地方。

❷ 不随意接收陌生人发来的文件，若要接收，可通过取消"隐藏已知文件类型扩展名"功能查看文件类型。

❸ 登录官方网站或大型软件网站下载软件，在安装或打开来历不明的软件或文件前先进行病毒杀毒。

❹ 从互联网等公共网络上下载资料转入内网计算机时，建议使用刻录光盘的方式实现转存。

❺ 应安装杀毒软件，定期扫描系统、查杀病毒，及时更新病毒库、系统补丁等。

❻ 定期备份重要资料，以便在遭到病毒严重破坏后能迅速修复。

3.6 如何防范勒索病毒侵扰

硕士生小王马上就要毕业了，辛辛苦苦完成的毕业论文还没来得及提交，计算

机就不幸感染了 WannaCry 蠕虫病毒，毕业论文无法打开。提示支付价值相当于 300 美元的比特币才可解锁。

WannaCry 蠕虫病毒于 2017 年 5 月 12 日在全球范围内爆发，仅 3 天造成至少 150 个国家、20 多万台主机受到攻击，影响到金融、能源、医疗等行业，造成严重的社会影响。我国校园网、公安网、交管网、政务网等都不同程度地受到攻击，致使部分业务无法正常开展，对我国网络空间安全造成严重影响。

WannaCry 蠕虫病毒是一种勒索病毒，主要攻击 Windows 系统，引诱用户点击看似正常的邮件、附件或文件，并完成病毒的下载和安装，称为"钓鱼式攻击"。安装后的病毒会将用户计算机锁死，用户主机系统内的照片、图片、文档、音频、视频等几乎所有类型的文件都将被加密，加密文件的后缀名被统一修改为".WNCRY"，并修改用户桌面背景，弹出提示框，告知缴纳赎金的方式。

勒索病毒事件给每个网民敲响了警钟，病毒攻击距离每个人并不遥远。手机和其他一些智能终端设备的操作系统主要是安卓系统和苹果系统，这两个系统均可能存在安全漏洞，存在被黑客控制、勒索的风险。同时，手机中常会存储重要资料，安装社交生活、移动支付、网上银行等应用软件，一旦遭受勒索病毒攻击，将产生非常严重的影响。

对于企业用户，为避免感染勒索病毒，需做好以下防范工作。

❶ 做好数据备份和恢复。数据备份和恢复是发生勒索事件挽回损失的重要工作。面对攻击者的赎金勒索，受害组织需要清晰地了解并考虑以下问题：当系统遭到彻底破坏时，受害组织在多大程度上能够接受数据的丢失；本地备份是否可用，异地备份的内容是否都被删除或以其他的方式导致不可用；如果本地备份介质的内容被删除或不可使用，异地的备份是否可用，需要了解异地备份的频率，如每周一次、每半个月一次或每月一次；确定是否定期验证过备份内容的有效性，数据是否

可以正常使用，是否有数据应急恢复流程或手册等。

❷ 建立云上账号安全策略。如果企业的业务在云上，那么从接入云环境开始就要关注安全。云针对租户账号提供账号登录双因素验证机制（MFA）、密码安全策略和审计功能，企业可以方便地在自己的云上界面中启用和关闭，以确保云服务账号的安全性。

❸ 阻止恶意的初始化访问。如果攻击者在目标网络无法轻易地建立初始访问，那么攻击者更可能转向其他较为容易进攻的目标。攻击者也希望花费尽可能少的代价来取得相应的收益。

❹ 搭建具有容灾能力的基础架构。在云环境下，可以通过负载均衡 SLB 集群的方式搭建高可用架构。当某一个节点发生紧急问题时，可以有效避免单点故障问题，也可以防止数据丢失。

❺ 强化网络访问控制。精细化的网络管理是业务的第一道屏障。通过有效的安全区域划分、访问控制和准入机制可以防止或减缓攻击者的渗透范围，可以阻止不必要的人员进入业务环境。

❻ 定期进行外部端口扫描。端口扫描可以检验企业的弱点暴露情况。如果企业有一些服务是连接到互联网的，那么需要确定哪些业务是必须要发布到互联网的，哪些是仅内部访问的。当公共互联网的服务数量越少，攻击者的攻击范围就越窄，从而遭受的安全风险就越小。

❼ 定期进行安全测试，发现存在的安全漏洞。企业网络管理人员需要定期对业务软件资产进行安全漏洞探测，一旦确定有公开暴露的服务，应使用漏洞扫描工具对其进行扫描，尽快修复漏洞。企业网络管理人员在日常工作中也应该不定期关注软件厂商发布的安全漏洞信息和补丁信息，及时做好漏洞修复管理工作。

❽ 进行常规的系统维护工作。企业网络管理人员应实施 IT 软件安全配置，对操作系统和软件进行初始化安全加固，并定期核查其有效性；应为 Windows 操作系统云服务器安装防病毒软件，并定期更新病毒库；应确保定期更新补丁；应确保开启日志记录功能，并集中进行管理和审计分析；应确保分配账号、授权和审计功能的合理性。

对于普通个人用户，为避免感染勒索病毒，需做好以下防范工作。

❶ 断网开机，即拔掉网线再开机，这样可有效避免被勒索软件感染。

❷ 开机后尽快打上安全补丁，或安装各网络安全公司针对某类病毒推出的防御工具，然后再将计算机联网。

❸ 尽快备份计算机中的重要文件资料到移动硬盘、U盘或光盘中，备份完成后脱机保存上述介质。

❹ 利用系统防火墙关闭445端口。

❺ 打开系统自动更新，及时升级操作系统。

❻ 上网过程中对不明链接、文件和邮件要提高警惕，加强防范。

3.7 如何安全连接 Wi-Fi

无论我们身处何处，只要在有 Wi-Fi 覆盖的地方，使用正确的密码（口令），就能尽情地畅游网络。然而，我们在享受信息时代带给我们便利的同时，也不能忽视其暗藏的风险。

事实上，随意连接 Wi-Fi 存在着一系列隐藏的网络安全问题。市面上打着免费 Wi-Fi 旗号的"蹭网神器"便是泄露用户个人信息的重要途径。

北京的尚女士家中使用的网络速度很慢，经查发现是因为有人"蹭网"。但是，尚女士设置的 Wi-Fi 密码已经比较复杂，为什么还会出现这种情况呢？随后技术人员让尚女士回忆家中是否曾有亲朋安装过类似 Wi-Fi 万能钥匙的产品，此时她才想起来，家里的阿姨曾经在手机中安装过类似应用。最后证实，问题就出在这里。这类打着"蹭网神器"的应用会在用户使用的过程中，将用户的密码分享出去，而用户根本察觉不到。

事实上，很多公共Wi-Fi热点并不安全。它们在提供热点的同时，也向网络犯罪者开放了入口。别有用心者可以借助开源的黑客工具，轻易地获取用户的隐私信息。

我们所使用的智能移动终端大多具备自动搜索并连接Wi-Fi网络的功能。试想，如果设置了一个假的Wi-Fi接入点，用户在连接后，黑客就可以肆无忌惮地访问用户文件、获取账号和密码等。因此，我们要尽量避免使用公共Wi-Fi。即使使用，也要避免使用可疑或者不设密码的Wi-Fi。

相对于公共Wi-Fi，家庭或者私有的Wi-Fi网络安全性相对较高。尽管如此，我们也要防范黑客攻击或者"蹭网"。

那么我们如何做才能规避这些风险，安全地使用Wi-Fi呢？

❶ 慎用公共Wi-Fi。使用公共Wi-Fi时首先要确认公共Wi-Fi是由正规机构提供的，且有验证机制，然后再连接使用。对于那些无须验证或没有密码的公共Wi-Fi，应尽量避免使用。

❷ 为避免敏感信息遭到泄露，使用公共Wi-Fi时，应尽量避免进行网络购物和进行网上银行操作。

❸ 在不使用Wi-Fi时，应将其关闭。或将Wi-Fi功能设置为锁屏后不再自动连接。如果Wi-Fi处于打开状态，手机将不断搜寻信号，一旦遇到同名的热点就会自动进行连接，存在被钓鱼风险。

❹ 不要使用默认的账号或密码，复杂的密码可大大提高安全性。同时，应尽量选择WPA2加密认证方式。

❺ 可安装安全防护软件。安全防护软件具有保护智能移动终端安全、拦截有害

信息、提示可能存在的危险等功能。

3.8 如何避免访问"非法"的政务网站

2014年7月以前，百度搜索"河北省辛集市人力资源和社会保障局"官方网站，排在最前面的是一个网址为"www.xjrs.net"的网站。该网站与一般的政务网站并无太大差别，网页的新闻频道也始终围绕河北省内人力资源和社会保障最新业务动态不断更新，同时网页上也标有"版权所有：辛集市人力资源和社会保障局"等字样，并有备案号等。另外，该网站也受理群众关于人力资源资格认定的申请。乍一看网站的确是正规的政务网站，但当网民拿着该网站成功申请的职业资格认定证书去应聘时却被质疑为假证书。后经警方查明，该网站是假冒的政务网站，通过办理假职业资格证书非法牟利。

据相关负责人介绍，"www.xjrs.net"曾是该局官方网站，但后被犯罪嫌疑人非法抢注，依然沿用原来的名称，并且长期复制、抄袭正规官方网站的内容，以假乱真，非法牟利。

当前网络环境复杂，不法分子利用网络进行各种非法活动，这就要求我们时时保持警惕。按照党政机关、事业单位网站与其实体名称对应，网络身份与实体机构相符的原则，国家专门设立".政务"和".公益"中文域名。那么应该如何分辨党政机关和事业单位的网站呢？

❶ 通过中文域名访问党政机关、事业单位网站。".政务"和".公益"域名是党政机关和事业单位的专用中文域名，其注册、解析均由机构编制部门进行严格审核和管理。通过在浏览器地址栏输入"名称.政务"和"名称.公益"中文域名，可准确访问党政机关和事业单位网站。

❷ 通过查看网站标识识别党政机关和事业单位网站。网站标识是机构编制部门核准后统一颁发的电子标识，该标识显示在网站所有页面底部中间的显著位置。单击该标识，即可查看到机构编制部门审核确认的该网站主办单位的名称、机构类型、地址、职能，以及网站名称、域名和标识发放单位、发放时间等信息，以确认该网站是否为党政机关或事业单位网站。

3.9 如何安全使用电子邮件

电子邮件服务的出现方便了我们的日常交流，一般来说，邮件里承载了大量信息，除了包含涉及我们日常生活的一般性信息，还会涉及工作的内部信息和个人的敏感信息。这些信息一旦泄露，可能产生不良影响。

那么，我们电子邮件的信息内容是如何泄露的呢？原因有很多，如下几种情况需要特别注意：一是使用了垃圾邮件泛滥的电子邮件账户；二是忘记删除浏览器的缓存、历史记录及密码；三是使用了不安全的电子邮件账户收发敏感信息。

要做到安全使用电子邮件，可以从以下几个方面入手。

❶ 由于病毒经常会通过电子邮件传播，因此建议使用反病毒软件，以减轻邮件病毒肆虐的程度。

❷ 登录电子邮件时一定要查看网站是否正确，在确保安全后，再输入账号和密码。这么做主要是为了规避钓鱼攻击，防止用户名和密码被盗。

❸ 电子邮件附件功能的使用是传送文件最简单的方法，接收和发送邮件附件时可按照如下方法正确操作。

尽量不要使用超大附件。

下载附件后，应尽量删除电子邮件。

不要随意打开不明附件（即使附件看来无异常）。因为 Windows 允许用户在文件命名时使用多个后缀，而许多电子邮件程序只显示第 1 个后缀，例如，我们可能看到的邮件附件名称是 wow.jpg，而实际上文件的完整名称是 wow.jpg.vbs。打开这个附件就意味着运行一个恶意的病毒，而不是使用了图片查看器。

打开附件前，应首先用反病毒软件进行扫描。

避免给接收人转发他们不能访问的附件。

3.10 如何防范 QQ、微信、微博等账号被盗用

张女士因微信被盗，短短半天时间，自己的两名微信好友就被骗走 14000 余元。据张女士回忆，事发当晚，她先后接到 20 多位好友电话，询问她是否在微信上借钱，并发来聊天记录，她这才发现自己的微信已经无法登录，而她的 400 多位微信好友正陆续接到"借钱"请求。

通过分析，用户的 QQ、微信、微博等账号被盗的原因主要有如下 3 点。

❶ 用户点击了不安全的网页、链接等，导致中毒。

❷ 用户的 QQ、微信和微博等账号和密码与第三方网络应用绑定，第三方将账号和密码泄露。

❸ 用户在使用 QQ、微信和微博等社交平台时，习惯将自己的日常琐事、喜怒哀乐放到网上，包括各种图片和文字，暴露了大量的个人信息，被别有用心的人破译密码所致。

那么，如何才能有效预防社交平台账号被盗呢？

❶ 绑定手机号码或邮箱。通过绑定手机号码或邮箱，可以尽快找回被盗账号、

修改密码，以减少损失。

❷ 增强密码复杂度，定期修改密码。不要直接用简单数字（如 123456、666666、111 等）、生日、电话号码、证件号码等与个人信息相关性较强的数字作为密码。

❸ 不要轻易打开不明链接、网页等。涉及网络交易时，要注意通过电话与交易对象本人确认，特别要警惕要求输入账号和密码的情况。

❹ 及时发现异常情况。当出现异常情况时，要警惕以下事件：出现被发布或被转发的广告信息、绑定手机被修改、密码被修改、好友莫名增加或减少、相册照片增加或减少、账号异地登录等。此时可能存在盗号风险，应及时与运营商联系。

❺ 在网吧等公共场所使用计算机前应重启机器，并且警惕在输入账号和密码时被人偷看。

❻ 尽量减少使用 QQ、微信、微博等社交网络绑定第三方应用软件。

3.11 如何识别防范电信诈骗

生活中，我们经常会接到一些陌生的电话和短信，给我们的日常生活带来困扰。退休多年的李大姐接到一个陌生电话，来电号码显示为"000100"，对方说："我们是某银行客户服务中心的，您的银行卡已被恶意透支 2 万元，如有疑问，可以把电话转到市公安局。"随后电话很快转到了"公安局"，对方自称是市公安局的张警官，并声称："我们在办理

一起特大涉黑案件，发现你的银行卡和身份证涉嫌洗钱和贩毒等犯罪活动，必须将所有银行卡内的资金转入司法机关提供的安全账户，否则将被冻结，还要追究责

任。请不要告知任何人，此案还在保密中。"出于害怕，李大姐立即赶到银行，将所有银行卡内的钱转入到所谓的"安全账户"中，共计 4 万余元。转账完成后，李大姐才发觉可能被骗，当即报警。

案例中，李大姐遭遇了电信诈骗。通常此类诈骗包含以下 4 种形式。

❶ 冒充国家机关工作人员，如警察、法官等实施诈骗。

❷ 冒充电信工作人员，以欠费、送话费等为由实施诈骗。

❸ 冒充熟人，如被骗人的亲属、朋友、领导，编造其生病或发生车祸等意外事件急需用钱，从而实施诈骗。

❹ 冒充银行工作人员，假称被骗人银联卡在某地刷卡消费，诱使被骗者转账实施诈骗。

为了让被骗者深信不疑，诈骗团伙还会使用改号软件，修改来电显示号码。例如，有人曾经收到一条短信，手机显示为工商银行号码"95588"，内容为"尊敬的工行用户：您的积分已满 12000 分，登录手机官网 wap.icbcaac.com 可兑换 698.00 元现金大礼包，逾期清零【工商银行】"。如果我们仔细查看，会发现这个网址并不是工商银行的官网。

我们可以采取以下方法来防范电信诈骗。

❶ 克服"贪利"思想，不要轻信陌生来电的中奖、送礼品等活动。

❷ 注意隐私保护，不要轻易将个人身份、通讯录等敏感信息泄露给他人。对自称是亲人和朋友的求助、借钱等内容的短信或电话，需仔细核对。

❸ 接到银行信用卡升级、招工、婚介等类似信息时，要提高警惕。如上述案例中提到的工商银行的官方网站应是"icbc"，而非"icbcaac"。

❹ 不要轻信涉及加害、举报、反洗钱等内容的陌生短信或电话。

❺ 不要相信推销特殊器材、发票，以及其他违禁品的电话或短信。

❻ 不向陌生人或不明账户汇款转账。

此外，遇到诈骗类电话或信息时，应及时记下电话号码、邮件地址、QQ 号及银行卡账号等信息，并记住犯罪分子的口音、语言特征和诈骗手段、经过等，及时向公安机关报案，积极配合公安机关开展侦查破案和追缴被骗款等工作。

3.12　如何防范网络"微"诈骗

2017 年 12 月，肖女士接到一个陌生来电，对方自称是某购物网站售后客服，同时表明因肖女士所购衣服存在质量问题要给其退款。由于"男客服"所说信息极为准确，肖女士便信以为真。当肖女士提出未发现 170 元退款后，对方以肖女士芝麻信用不足为借口，要求其在"来分期"应用中操作。随后，肖女士按照对方指示在该软件上绑定了个人信息，不久后，她便发现"来分期"软件界面上有 3400 元。实际上，"来分期"软件上的 3400 元属于肖女士个人所贷钱款，在不知情的情况下，肖女士把 170 元扣除后，将剩余部分当成对方公司"营业额"打给了"男客服"。直到肖女士发现了"来分期"界面存在贷款流水后，才恍然大悟，但为时已晚。

肖女士遭遇了典型的网络诈骗，即当今盛行的网贷，卡里没钱也被骗。近年来，随着手机网民数量的增多，各类网络诈骗层出不穷。网络诈骗发展到现阶段，其手法不断翻新，骗局杂糅多种骗术，返利诱惑、相亲陷阱、茶叶骗局、追剧骗局、网贷骗局、冒充公检法骗局等让人防不胜防。总的来看，网络诈骗逐渐呈现出专业化、规模化、智能化等特性，广大网民不仅需要增强防诈骗意识，还应当进一步提高对网络诈骗的辨别能力，尽早识破不法分子的骗局。

一旦遭遇诈骗骚扰，我们更应该在关键时刻保持冷静，并养成防范诈骗的思维习惯和行为习惯。

❶ 寄钱转账需提防、谨慎。不要轻易相信网络借钱和汇款请求，任何要求自己打款、汇款的行为都要慎之又慎，就算是家人、朋友，如果仅仅是网上交流，也不可轻信，必要时至少应该通过电话进一步确认。

❷ 确认网站网页的真实性。不可轻信那些看上去和官方网站一模一样的钓鱼

网站。在登录银行等重要网站时，应养成核实网站域名、网址的习惯。在浏览正规网页时，不要随意点开自动弹出的网页。

❸ 确认联系方式真实性。对于联系方式，可以拨打 114 核实对方地址的真实性。为防止诈骗分子模拟银行等客服号码行骗，遇到不明来电后可选择挂断，再主动拨打官方客服热线求证。

❹ 闭口不谈卡号和密码。电话、短信、QQ、微信对话中应尽量避免提及银行卡号、密码、身份证、医保卡号码等信息，以免被诈骗分子利用。

❺ 验证码谁都不给。银行、支付宝等发来的"短信验证码"是极其隐私的信息，不要向任何人透露。

❻ 不接"无显示号码"来电。目前，除从事特殊工作的部门或个人拥有"无显示号码"电话外，其他政府、企业、银行、运营商等机构均没有"无显示号码"电话，遇到此类来电，直接挂断是最好的选择。

❼ 新鲜事物要提防。诈骗分子常常以最新的时事热点设计骗局内容，如房产退税、热播电视节目抽奖等，切莫当真、被骗。

3.13 如何避免不知不觉被"钓鱼"

小明是一名中学生，父母在外打工，为了方便给小明汇款，特意办理了一张工商银行的银行卡，并开通了网银。一次，小明在家中上网，突然弹出一封邮件通知，要求完善银行卡信息，否则网上银行将无法正常使用。小明将信将疑地点开邮件中的链接，素来谨慎小心的小明特地注意了一下打开的网页，发现和自己平时打开的工商银行网页没有什么大的不同，就在登录窗口输入了自己的银行卡号和密码，可是当他点击登录时，网页却一直显示"网络繁忙，请稍后再试！"，小明以为是家里网络不好，也就没太在意，随后关闭了网页。

然而当天晚上小明上网买东西付款时，却被告知银行卡余额不足，可是小明的父母前几天刚向其银行卡汇入 1000 元，怎么就没有了呢？于是小明立刻打电话给父母，在听了小明叙述的事情经过后，父母叮嘱小明再次核实邮件链接。这才发现，这封邮件原来是钓鱼邮件，诈骗者使用和工商银行网址（www.icbc.com.cn）十分相似的网址（www.iobc.com.cn）实施诈骗，随后小明的父母立刻报了警。

在生活中，我们也可能会遇见类似的被"钓鱼"事件，那么应如何防范呢？首先了解一下什么是钓鱼网站。

钓鱼网站通常指伪装成银行及电子商务平台，窃取用户提交的银行账号、密码等私密信息的网站。"钓鱼"是一种网络欺诈行为，指不法分子利用各种手段，仿冒真实网站的 URL 地址及页面内容，或利用真实网站服务器程序上的漏洞，在站点的某些网页中插入危险的程序代码，以此来骗取用户银行或信用卡账号、密码等私人资料。在生活中，网络骗子通过"广撒网"的方式，多以电子邮件、网页小广告的形式，通过伪装的网站骗取用户填写身份信息和密码。我们稍不留神就可能上当受骗，后果不堪设想。

那么，我们应该如何防范呢？

❶ 使用聊天工具的反钓鱼功能。一般来说，不法分子喜欢通过聊天工具与受害人联系。可以发现，现在的聊天工具窗口设有反钓鱼网站的功能，在每个链接的前面显示一个信任图标，绿色打钩的图标表示链接是受信任的，而有问号的图标则表示链接存在潜在风险。

❷ 关注网站的自动记录功能。大多数浏览器和网站都提供自动记录功能。如在淘宝网上购买商品后，淘宝网就会自动记录下用户的地址，方便下次使用。而假冒的淘宝网则不包含记录功能，当用户进入付款页面时，其邮寄地址需要重新填写。

❸ 关注身份验证功能。购物网站一般都有身份验证功能，而多数假冒的网站则

不需要身份验证。也就是说在提示用户登录时，用户输入任意用户名和密码都会提示登录成功，并提示付款。

④ 不要轻易泄露个人信息。要养成良好的网络使用习惯，不要随便在网上留下自己的身份资料，包括手机号、身份证号、银行卡号、电子商务网站账户等敏感信息。

⑤ 不要相信天上掉馅饼。钓鱼网站喜欢利用中奖、促销等信息来诱导用户，然而天下没有免费的午餐。

⑥ 杀毒软件是反钓鱼的好帮手。多数杀毒软件都具有反钓鱼功能，可以对网站进行把关，用户一旦误入钓鱼网站，软件就会自动弹出警告和提示。因此，在使用计算机时一定要安装杀毒软件，并定期进行更新。

⑦ 检查网站的安全性。针对网络银行的钓鱼网站问题，一般情况下我们可以将域名前面的"http://"改成"https://"，这样打开的网址后面就会出现一个锁状图标，表示浏览该网站时会进行加密处理，一般仿冒的钓鱼网站没有加密功能。

⑧ 使用 U 盾等硬件。U 盾就是一款加密的 U 盘，网络银行都提供 U 盾等支付手段，而钓鱼网站是不支持 U 盘加密功能的，所以当 U 盾在网站上不起作用时，基本可以判断此网站是钓鱼网站。

⑨ 把常用网站网址放入收藏夹。很多不法分子会利用搜寻引擎设法将自己的钓鱼网站放到搜索页面的前列，所以我们可以熟记常用的网站网址，或者将其添加到浏览器的收藏夹中，尽量避免从其他网站或者搜索引擎中直接进入。

不管钓鱼网站用什么办法诱使我们上当，只要保持警惕，掌握一些常用的反钓鱼方法，就可保护我们的账户安全。

3.14 如何保护网上购物安全

2015 年 8 月 10 日 13 时许，广州警方反电信诈骗专线接到一名女士报警，称其在网上购物被骗 9200 元。据了解，事主在网上购买二手手机，与客服联系后，对方要求其先支付购机款再发货。事主通过网上银行向对方转账 3200 元后，又接到冒充快递公司客服的电话，对方谎称计算机系统故障、账户冻结，需要其撤销订单并重新下单。事主在对方的诱骗下再次向对方账户转账 6000 元，但转账后便无法再与其联系，于是发现被骗。

电子商务迅猛发展，网上购物已成为大众接受的消费方式。然而，人们在享受网上购物带来便利的同时，也要防范网络购物陷阱。案例中事主因没有使用正规的交易途径，轻易相信了卖家，导致被骗。

那么网上购物面临的风险因素有哪些呢？

❶ 交付问题。在网购时很可能会遇到产品不能按时交付或者交付的产品根本不是所购买的产品等问题，如果没有验货直接签收，则很有可能无法更换。其次，货物有可能在运送途中丢失，或因异地送货造成商品损坏。

❷ 质量问题。购物买到的产品与介绍相差甚远，甚至是假货，这类现象层出不穷。

❸ 付款风险。网上购物时，使用不正当的途径付款有可能造成货款丢失，或被人盗取信用卡信息。

❹ 隐私风险。网上购物需要填写个人信息，如电话、住址等，这些消费者隐私很可能被人侵犯，卖给一些公司或个人，造成个人信息的泄露。

以上只是网上购物有可能遇到的部分风险，还有诸多安全隐患未列出。那么面对网上购物的风险，我们又该如何规避风险，保证网上购物的安全呢？

❶ 选择正规的网络商店。正规的网络商店都有卖家信誉信息，以及对产品质量

的评价、评估等，有助于我们判断商店信誉。

❷ 不要回复任何经心设计的紧急邮件。部分买家在购物后仍保持与卖家的私人联络，很可能会陷入不法卖家精心设计的陷阱。

❸ 选择安全的付款方式。如今付款方式多种多样，相对而言，第三方担保的付款方式较网上银行支付、汇款等方式更为安全。一旦损失，也可通过第三方追回。网上购物被骗，大多因为绕开了第三方交易平台，直接进行交易。

❹ 保留交易的凭证。网上购物时，应该注意保存各类交易记录和资料，如电子邮件、聊天记录等证据，以及电子交易单据。注意对贵重的物品进行验收，检查有无质量保证、保修凭证等，同时注意索取发票或收据，以便退货时保障自己的合法权益。

❺ 防止泄露个人信息。应使用正规的浏览器和操作系统，对个人计算机要做到及时下载安装相应补丁，并安装杀毒软件，定期杀毒。在聊天时切忌透露个人、单位信息等。

3.15 如何避免移动支付中的安全风险

在南方某地打工的蒲某见老板伍某的手机放在工作台上无人看管，便迅速拿起，打开支付宝的页面，假称忘记密码，通过输入随机收到的验证码，修改了老板伍某的支付宝账户密码。随后，蒲某利用该支付宝账户，在某网店购买了大批T恤，并支付了全部货款，而后又以买错货为由，要求供货方退回货款。在申请退款时，蒲某要求店主将货款退到自己的支付宝账户。随后，蒲某便偷偷地将伍某的手机放回原位，并在一家银行网点取走了6800元。

在移动支付时代，我们习惯通过绑定手机号、个人信息等，与智能终端应用建立联系。移动支付极大地方便了我们的生活，但其带来的安全威胁更是不容忽视。

以下情况需要我们特别注意。

❶ 移动支付缺乏有效的身份识别，仅仅依靠手机短信验证码来保护账户安全是否足够还有待考证。

❷ 网络诈骗越来越多，用户防不胜防。尤其是一些欺诈短信极易诱使用户安装木马或者登录钓鱼网站，从而非法获得用户账号、密码、资金情况等信息。

那么，怎样才能确保移动支付的安全呢？

❶ 安装软件时选择正规的来源，不轻易点击陌生链接，安装不明软件。

❷ 设置多重密码。将登录密码和支付密码分开，并提高密码复杂度，增强手机支付的安全性。

❸ 使用数字证书、U盾、手机动态口令等安全产品。虽然增加了使用的复杂性，但能够有效保证移动支付安全。

❹ 谨慎保管个人信息，包括身份证、银行卡、手机验证码等隐私信息，避免泄露。

❺ 移动支付快捷便利，但安全风险必须重视，避免因疏忽造成的经济损失。

3.16 如何安全使用网上银行

杨先生因为网上银行密码泄露，百万存款被盗 99.505 万。杨先生前一天在银行卡上存入 100 万元，第 2 天卡内就少了 995050 元，仅剩下 4950 元。原来杨先生开通了网上银行，并设置了网上银行密码。但是其却以为没有 U 盾验证无法转账，故将账户、密码无防备地告诉了他人，结果造成了该事件的发生。

此类事件的发生，很大程度上是因为当事人对网上银行安全的认识不够，并不知道怎么保护自己的网上银行安全，或者是保护的方式不对。

随着科技水平的提高，网络上出现了各种各样的盗窃网银账户、密码的手段和方法。网络钓鱼、恶意代码攻击、暴力破解密码、登录的恶意滥用及用户身份假冒是网上银行安全的五大威胁。

U盾和动态密码两种工具，是目前我国普遍认可的技术含量较高的网络支付方式，在保护网上银行安全方面发挥着重要作用。尤其是动态密码，从物理上隔绝了与病毒的接触，有效地保护了网上银行账户的安全。

针对网上银行保护，要做到"三要"。

一是要保管好卡号、密码和个人用户证书。网上银行注册卡号和登录密码是用户登录网上银行系统时鉴别身份的唯一标志，插入个人用户证书进行电子签名是顺利完成重要交易的必备条件。因此，需要妥善保管好自己的这些信息，建议将登录密码、支付密码和证书密码设置为不一样的号码，并定期更改。

二是要安装正规杀毒软件，及时升级病毒库，定期对系统进行检测，为网上银行的使用创造一个安全的环境。

三是要注意网上银行使用过程中出现的系统提示。仔细检查交易记录，及时发现异常情况。在使用过程中，应该注意保护好"两卡两密"，即银行卡与其密码，口令卡与其密码。

另外，网上银行使用过程中还应该注意以下问题。

❶ 尽量不在公用的计算机上使用网上银行。

❷ 发现异常应及时修改密码并向银行求助。

❸ 核实银行的正确网址，并使用银行提供的数字证书。

❹ 设置复杂度高的网上银行登录密码和支付密码。

❺ 登录时尽量不要使用浏览器的"记住密码"功能。

❻ 对网络单笔消费和转账进行金额限制，并开通短信提醒功能。

❼ 使用完成后，需要正确退出网上银行，单击网上银行操作页面上的"退出"按钮，正常退出系统，并拔下U盾。

总之，在使用网上银行时要谨慎，养成良好的使用习惯。

3.17　如何识别共享单车扫码骗局

近日，北京的张女士出门办事，看到楼下的共享单车，于是通过手机扫码，准备骑车出门。然而，扫码后手机提示：上次没有锁车，因此无法开锁。情急之下，张女士在网上找到一个区号为027的共享单车服务电话，并与对方取得联系。这个"客服人员"告诉张女士，只要按照他的提示扫描一个二维码，问题就可以解决了。张女士随即在微信上进行了一系列的操作。刚刚操作完，张女士便发现自己微信钱包里的1000元不见了。交易记录显示，钱被支付给了广州的一家客栈。张女士再次拨打了服务电话，可是对方却拒不承认。

共享单车风靡全国，不料这个便民出行神器也成了骗子们的"香饽饽"。近期，全国发生多起共享单车被贴虚假二维码的诈骗事件，用户手机扫描此类二维码后，会被要求直接转账、引导至钓鱼网站或被要求下载可疑软件等，导致资金账户面临被盗刷的风险。

骗术一：单车贴上收款二维码

最常见的是不法分子利用扫码开锁的设计，在车身上加贴微信、支付宝转账二维码，同时将微信、支付宝头像昵称改为共享单车，以假乱真。

骗术二：钓鱼网站骗信息

直接转账容易被警惕性高的用户察觉，因此有些不法分子会制作出高仿共享单车官方网站的钓鱼页面，以完善身份认证等名义诱骗用户主动填写个人身份信息和银行卡资料，从而进一步实施精准诈骗，甚至盗刷用户网银。

骗术三：山寨 App 藏木马

租用共享单车一般需要使用相应的 App，不法分子将设计好的假 App 二维码粘贴在单车上，提示用户"更新"App。用户扫码后看似安装了共享单车软件，其实手机被植入了木马病毒。随后，不法分子可以盗取受害者手机里的个人信息，甚至拦截网银、网上支付等短信验证码，直接实施盗刷。

用户可通过以下几点防范扫码骗术。

❶ 通过正规应用商店下载共享单车 App，避免遭遇假 App，导致手机被植入木马病毒。

❷ 扫码前一定要仔细辨别二维码是否存在被更换、涂改、覆盖、粘贴等痕迹。如果二维码是新粘贴上去的，务必提高警惕。正规二维码扫描后一般会进入使用模式，而不会跳转至付款页面。一旦扫码后弹出付款界面，需要警惕。

❸ 应尽可能使用官方 App 软件，并通过官方 App 完成支付。

❹ 开启手机安全防护软件，若不慎扫码进入钓鱼网站或是下载了木马 App，手机安全防护软件一般可以实现拦截，保护手机安全。

3.18 如何安全扫描二维码

"扫一扫"在微信、支付宝、浏览器等中得到了普遍应用。二维码的使用为用户带来了便利和良好的交互体验，同时成为连接线上、线下的一个重要通道。但是，黑客将病毒制作成二维码，诱骗用户扫描，盗取用户信息的案例也时有发生。

浙江嘉兴汪女士在网购交易过程中就遇到了类似情况。对方发给汪女士一个二维码，称必须扫描二维码才能显示商品信息。汪女士没多想，便扫描了二维码。扫描后显示了一个链接，汪女士点击后页面跳转到另外一个网页，却没有显示任何信息。当她再次登录支付宝账户时，发现密码已被修改，其中的 18 万元均被转走。

二维码，又称二维条码，是用特定的几何图形按一定规律在二维空间上分布的黑白相间的图形，在现代商业活动中得到了广泛应用。产品防伪、广告推送、网站链接、数据下载等都可以通过扫描二维码完成。二维码的生成及使用十分便利，在网络上可以下载免费的"二维码生成器"。但是，这也为不法分子留下了可乘之机。利用二维码生成器，可将病毒链接地址制作成二维码，为了伪装，再将病毒地址隐藏在正规软件地址内，当用户扫描二维码后，下载"正规软件"时，病毒也悄悄地被安装到了用户的手机上。

那么，我们应该如何防范扫码带来的风险呢？

❶ 认真审核二维码来源。在扫描二维码之前，一定要确保二维码来自正规商家或者是已经确定的可以信赖的人，不可扫来源不明的二维码。

❷ 安装手机防护软件。手机防护软件在一定程度上能够提示用户当前链接是否存在安全的风险，降低中毒风险。

❸ "扫"前须思考，不能见"码"就扫，扫码后如果出现链接，要谨慎点击，确保安全。

🌩️ 3.19 如何安全使用云存储

我们常使用服务商提供的云存储功能，将照片、通讯录等数据上传到云端保存，需要查看时，再通过手机、平板电脑等智能移动终端登录账户，输入密码，进行下载、查看和分享，使用方便、快捷。同时，云存储还可承担数据备份功能，可对数据进行云端备份，防止因手机等丢失造成的数据丢失。

云存储是从云计算（Cloud Computing）概念延伸和发展而来的，是一种流行的网络存储技术。用户可以在任何时间、任何地点，通过可以连接网络的装置连接到云，进行数据的存储和业务访问。

但是云存储在为用户提供便利的同时，也存在诸多安全风险。若云端数据被非法入侵或盗窃，将给数据拥有者带来麻烦。导致云存储信息泄露的原因主要有以下几方面。

❶ 存储账户和密码被非法盗取、破解。

❷ 在存储和传输数据的过程中并没有加密或只进行了简单加密。

❸ 云存储服务器被攻击。

那么，我们应该如何防范呢?

❶ 尽量不上传敏感的信息至云端，如工作业务秘密、个人私密照片、银行卡信息等。敏感的信息可以通过U盘、光盘等与外界有物理隔离的介质备份。

❷ 保护好账号和密码。设置较为复杂的账号和密码，并严格保护，不随意告知他人。

❸ 对网盘内容加密。目前，大多数云存储网盘都提供文件加密功能，登录网盘后，还需要密码才能查看文件。

❹ 不要选择"自动备份"功能。很多手机服务商都为用户提供将手机照片、通讯录、数据等信息定期备份到云端的功能。这样很容易在无意间将敏感信息上传。

3.20 如何认识并防范一般性网络攻击

2015年，美国国家税务局曾遭遇黑客网络攻击，致使大量纳税人个人信息泄露。当前，政府部门和企事业单位，甚至个人遭受网络攻击越来越频繁，主要是因为以下几方面原因。

❶ 威胁越来越不对称。互联网上的安全是相互依赖的，每个互联网系统遭受攻击的可能性取决于连接到全球互联网上其他系统的安全状态。由于攻击技术的进步，攻击者可以比较容易地利用网络中的其他终端，对受害者发动破坏性的攻击。

❷ 攻击工具越来越复杂，其自动化和攻击速度也得到提高。攻击工具开发者正在利用更加先进的技术"武装"攻击工具。与以前相比，攻击工具更难发现，更难检测，且越来越智能，可自动扫描发现漏洞，同时运行速度也得到极大提升。

❸ 攻击者发现安全漏洞越来越快。每年新的安全漏洞都会大量增加，管理人员不断用补丁修补这些漏洞。但是，攻击者也常在管理人员修补这些漏洞前发现漏洞，并实施攻击。

❹ 防火墙渗透率越来越高。防火墙是人们用来防范入侵者的主要保护措施。但是越来越多的攻击技术可以绕过防火墙。例如，IPP（互联网打印协议）和WebDAV（基于Web的分布式创作与翻译）都可以被攻击者利用，从而绕过防火墙。

❺ 人们对基础设施依赖增大。由于用户越来越多地依赖互联网完成日常业务，所以通过对基础设施实施攻击将严重影响人们的生活。

那么从用户角度，应该如何防范网络攻击呢？

❶ 安装防病毒产品并及时更新病毒库。首次安装防病毒软件时，一定要对计算机做一次彻底的病毒扫描。建议至少每周更新一次病毒库，因为防病毒软件只有最新的才最有效。

❷ 插入U盘、光盘和其他可插拔介质前，一定对其进行病毒扫描，同时，不能对任何资料都无条件接受。

❸ 避免从不可靠的渠道下载软件，此外，软件在安装前应先进行病毒扫描。

❹ 经常关注操作系统和应用软件的漏洞发布信息，及时升级补丁，不断增强个人计算机的免疫能力。

◉ **浏览器**

浏览器指可以显示网页服务器或者文件系统的 HTML 文件内容，并让用户与这些文件交互的一种软件。浏览器用来显示在万维网或局域网等内的文字、图像及其他信息。这些文字或图像也可以是连接其他网址的超链接，用户可迅速和轻松地浏览各种信息。

常见的网页浏览器有：QQ 浏览器、Internet Explorer、Firefox、Safari、Opera、Google Chrome、百度浏览器、搜狗浏览器、猎豹浏览器、360 浏览器、UC 浏览器、傲游浏览器、世界之窗浏览器等。浏览器是最常用的客户端程序。

◉ **插件**

插件（Plug-in）是一种遵循一定规范的应用程序接口编写出来的程序。其只能在程序规定的系统平台下（可能同时支持多个平台）运行，而不能脱离指定的平台单独运行，是由于插件需要调用原纯净系统提供的函数库或数据。

◉ **域名解析**

域名解析又称为域名指向、服务器设置、域名配置及反向 IP 登记等。由于 IP 地址是数字地址，不利于记忆和使用，因此，为了方便，专门建立了一套地址转换系统，即采用域名来代替 IP 地址。域名注册商注册域名后，从域名到 IP 地址的转换过程称为"域名解析"。域名的解析工作由 DNS 服务器完成，采用专门的域名解析协议。

◉ **无线路由器**

无线路由器是应用于用户上网、带有无线覆盖功能的路由器。其相当于一个转发器，能够将网络信号通过天线转发给附近的无线网络设备。带有 Wi-Fi 功能的笔记本电脑、手机、平板电脑等都可以通过连接无线路由器上网。

❋ **安全模式**

安全模式（Safe Mode）是 Windows 操作系统中的一种特殊模式。安全模式的工作原理是在不加载第三方设备驱动程序的情况下启动计算机，这样用户就可以方便地检测与修复计算机系统的错误。安全模式下可以实现以下操作：删除顽固文件、系统还原、查杀病毒、修复系统故障、恢复系统设置等。

❋ **DOS**

DOS（Disk Operating System）是一种面向磁盘的系统软件。可以这么理解，DOS 是人与机器交互的一座桥梁，有了 DOS，用户只需通过一些接近于自然语言的 DOS 命令，就可以轻松地完成绝大多数日常操作。此外，DOS 还能有效地管理各种软件和硬件资源，对它们进行合理的调度，所有的软件和硬件都是在 DOS 的监控和管理之下，有条不紊地进行着自己的工作。

❋ **"熊猫烧香"病毒**

"熊猫烧香"是一种经过多次变种的蠕虫病毒，它能感染系统中的 exe、com、pif、src、html、asp 等文件，还能中止大量的反病毒软件进程，并且删除扩展名为 gho 的文件（该文件是系统备份工具 GHOST 的备份文件），使用户的系统备份文件丢失。2006 年 10 月 16 日，25 岁的湖北武汉新洲区人李某编写了"熊猫烧香"，2007 年 1 月初肆虐网络，其主要通过下载的文件传播。2007 年 2 月 12 日，湖北省公安厅宣布，李某及其同伙共 8 人已经落网，这是中国警方破获的首例计算机病毒大案。

❋ **勒索病毒**

勒索病毒是一种新型计算机病毒，主要以邮件、程序木马、网页挂马的形式传播。该病毒性质恶劣、危害极大，一旦感染，将给用户带来无法估量的损失。这种病毒利用各种加密算法对文件进行加密，被感染者一般无法解密，必须拿到解密的私钥才有可能破解。

* Q 币

Q 币是由腾讯推出的一种虚拟货币，用来支付 QQ 的服务，如 QQ 号码申请、靓号购买、会员服务、宠物购买、游戏购买等。用户主要可以通过 QQ 卡、电话充值、银行卡充值、网络充值、手机充值卡等方式购买 Q 币。

* API 函数

操作系统除协调应用程序的执行、内存分配、系统资源管理外，同时也是一个很大的服务中心。调用这个服务中心的各种服务（每种服务是一个函数），可以帮助应用程序达到开启视窗、描绘图形、使用周边设备的目的，由于这些函数服务的对象是应用程序（Application），所以称之为 Application Programming Interface，简称 API 函数。

* 脚本程序

脚本程序是一种以纯文本保存的程序，是确定的一系列控制计算机进行运算操作动作的组合，在其中可以实现一定的逻辑分支等。脚本程序相对一般程序开发来说比较接近自然语言，可以不经编译直接解释执行，便于进行快速开发或执行一些轻量的控制。脚本语言种类较多，一般脚本语言的执行只与具体的解释执行器有关，只要系统上拥有相应语言的解释程序就可以做到跨平台。

* Wi-Fi

Wi-Fi 是一种可以将个人计算机、手持设备（如平板电脑、手机）等终端以无线方式互相连接的技术，事实上它是一个高频无线电信号。

❋ WPA2

WPA2（WPA 第 2 版）是 Wi-Fi 联盟对采用 IEEE 802.11i 安全增强功能的产品的认证计划。简单说，WPA2 是基于 WPA 的一种新的加密方式。"Wi-Fi 联盟"是一家针对不同厂商的无线 LAN 终端产品，使其能够顺利相互连接，从而进行认证的业界团体。由该团体制定的安全方式就是 WPA（Wi-Fi Protected Access，Wi-Fi 保护访问）。

❋ 伪基站

"伪基站"即假基站，其设备一般由主机和笔记本电脑组成，通过短信群发器、短信发信机等相关设备能够搜取以其为中心、一定半径范围内的手机卡信息，通过伪装成运营商的基站，冒用他人手机号码，强行向用户手机发送诈骗、广告推销等短信。2014 年以来，国家相关部门在全国范围内部署开展打击整治专项行动，严打非法生产、销售和使用"伪基站"设备的违法犯罪活动。

❋ 电子邮件

电子邮件是一种用电子手段提供信息交换的通信方式，应用广泛。通过网络的电子邮件系统，用户可以以非常低廉的价格（不管发送到哪里，都只需负担网费）、非常快速的方式（几秒内就可以发送到世界上任何指定的目的地）与其他网络用户联系。

❋ 钓鱼网站

"钓鱼"是一种网络欺诈行为，指不法分子利用各种手段，仿冒真实网站的 URL 地址及页面内容，或利用真实网站服务器程序上的漏洞，在站点的某些网页中插入危险的 HTML 代码，以此来骗取用户银行账号、密码等私人资料。"钓鱼网站"的频繁出现严重影响在线金融服务、电子商务的发展，危害公众利益。一般来说，钓鱼网站的结构很简单，只有一个或几个页面，其 URL 与真实网站存在细微差别。

◆ **电子商务**

电子商务简称"电商"，通常指在全球各地广泛的商业贸易活动中和互联网开放的网络环境下，基于浏览器 / 服务器应用方式，买卖双方不谋面进行各种商贸活动，实现消费者的网上购物、商户之间的网上交易和在线电子支付，以及各种商务活动、交易活动、金融活动和相关的综合服务活动的一种新型的商业运营模式。

◆ **支付宝**

支付宝（中国）网络技术有限公司是第三方支付平台，致力于提供"简单、安全、快速"的支付解决方案。主要提供支付及理财服务，包括网购担保交易、网络支付、转账、信用卡还款、手机充值、生活缴费、个人理财等。

◆ **网上银行**

网上银行又称网络银行、在线银行或电子银行，它是各银行在互联网中设立的虚拟柜台。银行利用网络技术，通过互联网向用户提供开户、销户、查询、对账、行内转账、跨行转账、信贷、网上证券、投资理财等传统服务项目，使用户足不出户就能够安全、便捷地管理相关服务项目。

◆ **移动支付**

移动支付也称手机支付，指用户使用移动终端（通常是手机）对所消费的商品或服务进行账务支付的一种服务方式。单位或个人通过移动设备、互联网或者近距离传感，直接或间接向银行金融机构发送支付指令，产生货币支付与资金转移行为，从而实现移动支付功能。移动支付将终端设备、互联网、应用提供商及金融机构相融合，为用户提供货币支付、缴费等金融业务。

❀ **动态密码**

动态密码是根据专门的算法产生变化的随机数字组合，主流的产生形式有手机短信、硬件令牌、手机令牌。动态密码的优点在于使用便捷且与平台无关，通过计算机、手机、平板电脑都可以顺畅使用，广泛应用于网银、网游、电信领域。动态密码是一种安全、便捷的账号防盗技术，可以有效保护交易和登录的认证安全。采用动态密码无须定期修改密码，安全省心。

❀ **U 盾**

U 盾是一种 USB 接口的硬件设备。其内置单片机或智能卡芯片，有一定的存储空间，可以存储用户的私钥及数字证书。

❀ **安全漏洞**

安全漏洞指受限制的计算机、组件、应用程序或其他联机资源在无意间留下的不受保护的入口点。漏洞是硬件、软件或使用策略上的缺陷，易使计算机遭受病毒和黑客攻击。

❀ **APT 攻击**

APT（Advanced Persistent Threat）的中文含义是高级持续性威胁。APT 攻击是黑客以窃取核心资料为目的，针对用户所发动的网络攻击和侵袭行为，是一种蓄谋已久的"恶意间谍威胁"。这种行为往往经过长期的经营与策划，并具备高度的隐蔽性。APT 攻击的手法在于隐匿自己，针对特定对象，长期、有计划性和组织性地窃取数据，这种发生在数字空间的偷窃资料、搜集情报的行为，就是一种"网络间谍"的行为。

❀ **IPP**

IPP 是一套跨平台的软件函数库，提供了广泛的多媒体功能，包括音频解码器、图像处理、信号处理、语音压缩和加密机制。

❀ **二维码**

二维码（Two-Dimensional Bar Code）又称二维条码，

是用某种特定的几何图形，按一定规律在二维方向上分布的黑白相间的图形记录符号信息。目前已形成多种码制，常见的有 PDF 417、QR Cord、Code 49 等。

二维码具有储存量大、保密性高、追踪性高、抗损性强、备援性大、成本低等特性，因此应用广泛。

❋ **U 盘**

U 盘全称为 USB 闪存盘（USB Flash Disk）。它是一种使用 USB 接口的，无须物理驱动器的微型高容量移动存储产品。通过 USB 接口与计算机连接，实现即插即用。

❋ **社交网络**

社交网络（社交网络服务）又称社交网站（Social Network Service，SNS），起源于美国，旨在帮助人们建立社会性网络的互联网应用服务。Facebook、Twitter、YouTube、微信等都是人们熟知的社交网络。通过社交网络，人们可以实现在线分享图片、生活经验、开心趣事，也可以在线交友、解答生活难题，甚至可以实现在线求职等。

❋ **搜索引擎**

搜索引擎（Search Engine）根据一定的策略，运用特定的计算机程序，从互联网上搜集信息。在对信息进行组织和处理后，为用户提供检索服务，最终将用户检索的相关信息展示给用户。搜索引擎包括全文索引、目录索引、元搜索引擎、垂直搜索引擎、集合式搜索引擎、门户搜索引擎与免费链接列表等。常用的搜索引擎主要有：百度、搜搜、必应等。

❋ **震网病毒**

震网病毒又称为 Stuxnet 病毒，是一个席卷全球工业界的病毒，于 2010 年 6 月首次被检测出来，是第一个专门定向攻击真实世界中基础（能源）设施的"蠕虫"病毒，如会攻击核电站、水坝、国家电网等，是网络"超级破坏性武器"。

提升个人信息防护技能

4.1 如何看待个人信息安全

新买的手机每天都收到十几条广告短信；自己或者朋友的照片突然出现在社交平台上；刚有购买某个商品的想法，邮箱里就出现了对应的广告邮件；常常接到骚扰电话……你是否也遇到过类似情况？

其实，这是由于我们的个人信息被泄露了。我们经常会在一些场合填写个人信息，如银行办卡、旅行住宿、网上购物等，个人信息可能会遭到无意或有意的泄露。那么，个人信息泄露的主要途径有哪些呢？

❶ 个人或团伙利用互联网"人肉"搜索，大规模收集目标人员的相关信息，整理成册，以一定的价格卖给有需要的非法购买者。

❷ 相关人员利用职务便利和人脉，从电信、联通、移动、宾馆、银行等需要身份证件实名登记的部门、机构、场所，非法获取用户信息。

❸ 假借"问卷调查"之名，窃取个人信息。如宣称只要认真填写姓名、联系方式、收入情况等个人信息，就能获取相应的奖品，从而诱惑参与者泄露个人信息。

❹ 网上购物时，因贪图便宜，填写商家所提供的非正规"售后服务单"时，可能泄露个人信息。

⑤ 在办理各种会员卡时，可能泄露个人信息。

个人信息一旦泄露，可能会给我们带来如下烦恼。

❶ 时常收到垃圾短信。

❷ 收到违法违规信息。不法分子向获取的手机号群发各种违法短信，诱惑人们上当受骗，甚至成为他们的帮凶。

❸ 通过电话记录，对其亲属谎称其遭遇不测或突然生病，实施诈骗。

❹ 利用获取的个人详细信息，直接实施抢劫、敲诈勒索等严重暴力犯罪活动。

❺ 将个人的隐私信息、照片等发到网上，给当事人造成困扰或负面影响。

因此，个人信息的泄露将给当事人带来诸多困扰，甚至产生经济损失或受到人身威胁，需要引起我们的高度重视。

如何划分个人信息安全的内容

网络安全事件频发，包括个人信息安全在内的安全问题愈发受到重视。那么，我们的个人信息都包括哪些内容呢？

个人信息指与特定自然人相关，能够单独或通过与其他信息结合识别该特定自然人的数据，一般包括姓名、职业、职务、年龄、血型、婚姻状况、宗教信仰、学历、专业资格、工作经历、收入、家庭住址、电话号码（手机号码）、身份证号码、信用卡号码、指纹、病史、邮箱地址、网上登录账号和密码等，覆盖了自然人的心理、生理、智力，以及个体、社会、经济、文化、家庭等方面。

个人信息可以分为个人一般信息和个人隐私信息。

个人一般信息指可以公开正常使用的个人普通信息，如姓名、年龄、性别、兴趣爱好等。

个人隐私信息指对于个人及群体有敏感反应和影响的个人信息。一旦泄露或是被修改，会对个人主体或相关群体造成不良影响。个人隐私信息的具体内容应根据个人主体意愿和各行各业的特点来界定，某个人的一般信息也可能在特定环境下变成隐私信息。一般而言，个人隐私信息包括手机号码、身份证号码、种族、政治观点、宗教信仰、基因数据、指纹、密码等。

知道了个人信息的相关知识后，我们容易忽视的个人信息又有哪些呢？

通常，我们对自己的姓名、家庭住址、身份证号码等信息保护相对较好，但对于手机号码、邮箱地址、血型、基因数据等信息却容易忽视。

因此，需要我们有意识地保护个人信息，切忌轻易将信息透露给他人，这不仅是保护自己，更是保护我们的家人和朋友。

4.3 如何避免"会员卡"成为帮凶

期待已久的寒假终于来了，小明和小华相约去吃火锅庆祝。服务员推荐小明办理会员卡，承诺能够享受优惠，小明一看需要填写诸多个人信息，如姓名、电话号码、出生年月，甚至还有身份证号码、家庭住址等，但想到是免费办理，还能打折，于是就欣然接受了。

第二天，一个陌生人打来电话，一开口就叫出了小明的名字，还问他要不要购买保险。又过了几天，小明购买的计算机坏了，在拨打售后服务热线时，客服人员居然通过自己的电话号码说出了他的姓名和家庭住址。他百思不得其解，别人是怎么掌握自己的信息的？他把这两件事情告诉了小华，小华想了想，认为问题很可能就出在"会员卡"上。

生活中，各种商店都有自己的会员卡或网上会员资格。会员可以打折，可以积分获得优惠，充满吸引力。有些超市用户在结账时如果没带会员卡，只要准确说出对应的手机号码就可以使用，这种将手机号码和个人信息与会员资格绑定的行为虽然十分方便，但同时也会使我们产生疑虑：我们的个人信息是否会泄露？

因此，为了避免不必要的烦恼，不是必须使用的会员卡尽量不办理。另外，在办理会员卡时要注意保护个人信息，尤其是身份证号码，除非真的需要，否则不要轻易提供。同时，我们应选择信誉好、规模大、常去消费的商场或场所办理相应的会员卡。

4.4 如何发现网络问卷的"醉翁之意"

对于问卷调查我们都不会陌生。很多时候，调查者为了能让问卷更加有说服力，更加真实，或者是为了将来能获取反馈信息，都会让被调查者填写自己的个人

信息，如电话号码、邮箱地址、QQ号、身份证号码等。

随着网络应用的普及，通过网络进行的问卷调查逐渐增多。但是，若问卷调查涉及个人信息，则需要我们保持警惕，因为这些信息很容易被泄露或被不法分子利用。一般会分为两种情况：一是正常问卷中的信息被一些不法分子通过黑客手段获取，然后将其利用，给当事人带来困扰；二是不法分子复制网络问卷，让网友填写自己的相关信息，随后利用这些信息实施违法犯罪活动。

为了保护自己的个人信息和隐私，防止类似的情况发生，我们在填写网络问卷时，需要注意以下几点。

❶ 首先要注意所填写的网络问卷是否与自己有较大的联系，不必要的问卷不

填写。

❷ 填写前应先了解问卷调查的目的及个人信息的保密问题等。

❸ 如果问卷中的问题涉及个人隐私，则不能随便填写。

❹ 如果问卷中涉及的问题包括身份证号码、QQ 号、微信号等显然与调查内容无关的项目，尽量不要填写，以防个人信息泄露。

4.5 如何避免网上购物时泄露个人信息

2015 年 6 月，刘女士在网上订购了一双鞋子，网上支付订金后，第二天因为不合适于是申请退款，并通过客服完成了退款流程。当天晚上，刘女士突然接到"客服"的电话，称由于系统问题无法办理退款，需要通过另一种方式办理。对方还准确地说出了刘女士购买鞋子的下单时间、单号、商品名称、收货人姓名及地址等。刘女士深信不疑，打开了对方发来的退款页面，并按提示操作，输入了自己的银行卡号、身份证号码和绑定的手机号码。令人意想不到的是，随后刘女士竟收到了银行 14500 元的消费扣款短信提醒。在刘女士与客服的多次沟通中，客服均称未透露客户信息，拒绝解释与赔偿。

无奈之下刘女士进行投诉。经调查发现，由于该电子商务网站存在漏洞，不法分子利用漏洞获取到用户个人信息，然后假冒客服实施了诈骗。随后，在各方的积极配合下，终于将该犯罪团伙粉碎。

随着互联网特别是移动互联网和电子商务的蓬勃发展，网上购物方便、快捷的优势使其成为老百姓消费的首选。然而，随之而来的消费者个人信息泄露的现象层出不穷。

众所周知，人们在网上进行购物时，必然会填写自己的真实姓名、家庭住址、联系方式、银行卡号码等，然而这些个人信息的泄露就给了不法分子可乘之机。

那么，我们应该怎么做才能在网购时最大限度保护个人信息的安全呢？

❶ 选择在可信赖的终端和网络上进行网购操作，如自己的个人计算机和手机移动网络等。公共网络和公用计算机容易存在钓鱼软件或漏洞，导致个人隐私泄露。

❷ 不要使用任何容易破解的信息作为密码，如生日、电话号码等。密码口令最好包含数字、英文字母和特殊字符。

❸ 使用正规的大型电子商务网络系统。这些电子商务公司一般都会发布隐私保护条款，需要仔细阅读，了解其收集了哪些信息，以及要如何使用这些信息，做到心中有数。

❹ 使用信用卡和借记卡进行网上交易，会相对安全。如果发现付款有问题，可立即提出质疑，并在问题解决之前拒绝付账。

❺ 我们要时刻保持维权意识，发现问题应立即与平台取得联系，提出质疑。一般在电子商务的网站上都会提供客服电话、邮箱地址、在线即时通信链接等。如果该平台不能合理地解决有关问题，可与其主管部门联系。

4.6 如何防范个人信息在社交媒体泄露

Facebook、Twitter、YouTube、微信、微博、抖音等网络社交媒体已经成为人们交流思想、探讨问题、获取信息的重要平台。我们已经习惯于在社交网络上晒心情、晒看法、晒照片，得到别人的关注和认同。不可否认，社交媒体对年轻人，尤其是青少年一代的影响越来越大，已经成为映射他们现实世界的一面镜子，但反过来讲，对他们现实生活的反作用也越来越强。另外，社交媒体的功能也愈发强大，刷微博、看微信已经成为我们生活的一部分。

诚然，社交媒体与现实生活的融合度越来越高，反映着现实生活中的各个方面，但同时这些信息也面临着安全问题，尤其是与个人密切相关的信息，更容易被别有用心之人搜集利用。

社交媒体经营的主要立足点就是用户信息，其获取信息一般有三种途径：一是用户的注册信息；二是通过集成的应用向导，使注册用户同意软件抓取其手机中的通讯录、用户位置、身份等信息，同时跟踪用户的行为、关注的事项或商品；三是与其他平台签订协议共享用户信息。

在使用社交媒体时，我们应该如何防范个人信息的泄露呢？

❶ 关闭终端定位功能。在发布朋友圈、微博消息时也不要轻易添加位置信息。

❷ 关闭自动获取通讯录权限，否则说不定下一秒我们就多了很多"朋友"，自己通讯录的朋友也泄露给他人。

❸ 一定不要轻易添加不认识的好友或公众号，否则自己的信息就可能会在不知不觉中泄露。

❹ 设置自己的个人信息权限，如不允许陌生人查看自己的信息，这也是一种保护个人隐私的重要方式。

4.7 如何处理快递单上的个人信息

当前，快递服务深入到我们生活的方方面面，但是，大多数人往往会忽略快递单上隐私信息的安全问题。在收到快递后，很多人会直接丢弃包装，于是其上的姓名、地址、电话、购物账号等诸多信息将轻易泄露。

据报道，2017 年 11 月，"双十一"购物节之后，一名男子李某以送快递为由，骗取女白领王某开门后，持刀入室进行抢劫。2017 年以来，冒充快递员实施犯罪的案件有许多起，涉及受害者数百人。部分因快递单泄露个人信息而遭遇入室盗窃、抢劫，甚至引发伤人事件。

部分快递单粘贴得十分牢固，很难直接取下，这也是很多人不愿意花时间去处理快递单上隐私信息的原因。那么，有没有安全、快捷的处理方法呢？

❶ 用湿纸巾或毛巾在快递单的隐私信息处来回摩擦，使字迹模糊。

❷ 用美工刀将快递单的隐私信息刮掉。

❸ 使用深色记号笔涂抹，遮盖信息。

❹ 使用花露水、风油精对准快递单的隐私信息处均匀喷洒，可消除文字。

❺ 将牙膏涂抹在快递单的隐私信息处，可消除文字。

除此之外，为保障安全，接收快递时还应注意以下几点。

❶ 收货地址尽量填写工作单位，也可只填写楼号或附近代收点地址，避免留下完整的家庭住址。

❷ 取货前核实信息。接到快递电话后，要确认是否订购过该商品，若无，不要贸然签收；若有，需核实快递公司名称、所送物品等有关信息。

❸ 独自在家时，应尽量在小区传达室、保安室等人多处收件或寄件。

4.8　如何在投票时保护个人信息

据报道，2017 年 3 月 5 日，程先生受到电信诈骗，被骗 21000 余元。据程先生回忆，当时他先后接到诈骗者打来的 3 个电话，对方冒充自己儿子的小学老师，声称孩子出了车祸，要接受手术，需要赶紧汇钱。程先生开始还不相信，但是，诈骗者不但在电话中准确说出了儿子的姓名、年龄、身份证号码、小学名称和班级编号，而且还发来了孩子的照片。程先生在惊慌中信以为真，按照诈骗者的要求汇了钱。

事后，程先生百思不得其解，在警方的提醒下，他意识到问题可能出在一个月前参加的微信公众号投票活动。

程先生说，平时经常能看到网友们发的各种萌宝大赛链接，觉得很有意思，就想让自己的孩子也参加。2017 年 1 月，他在微信上看到一个萌宝大赛的活动信息，采取微信投票的方式决定名次，奖项设置丰厚。参赛方式非常简单，只需在微信上关注公众号，然后在线注册孩子的信息，并上传孩子的照片即可。为了参加比赛，程先生不但在报名表上填写了儿子的姓名、身份证号码、小学名称和家长联系电话等详细信息，还上传了多张儿子的照片。

程先生被骗的原因就是在公众号投票时泄露了孩子的信息，诈骗者获得孩子的身份信息和照片后，制造了孩子车祸的骗局，对程先生实施了精准诈骗。

因此，为避免类似伤害和损失的再次发生，我们在参加相关活动投票时需要注意以下内容。

❶ 了解活动公众号的来源信息，判断参加活动的必要性，减少个人信息泄露的机会。

❷ 参加活动若需要填写个人信息，且信息涉及较多方面时，一定要慎重，与活动无关的信息应避免填写。

❸ 高利意味着高风险，我们应避免贪图便宜，从心理上筑牢安全防线。

4.9　如何快速处理个人信息泄露问题

网络上个人信息的保护已经迫在眉睫，不容忽视。当我们发现个人信息泄露时，应该如何处理呢？

❶ 若发现个人信息泄露，并且威胁自己银行卡的使用安全时，应尽快更改银行卡密码，必要时先挂失。建议在网上消费时统一使用一张常用卡。

❷ 若发现手机、邮箱、QQ、微信等经常使用的通信工具或软件的账号被盗，在找回账号的同时应尽快通知亲朋好友，避免其收到假信息被骗。

❸ 在收到各种假冒或诈骗邮件、电话时，可留心获取、记录对方的信息，通过截图、存屏、录音等方式保存证据，并进行举报。

❹ 若能发现或掌握相关证据和线索，可以向专业的律师咨询有关法律法规，学会使用法律武器追责维权。

延展
阅读

❋ **网络问卷**

网络问卷指个人或团体通过网络，邀请人们参与并发表意见，以获取市场信息的一种在线问卷。

❋ **公众号**

微信公众平台简称公众号。利用公众号可进行自媒体活动，如展示商家微官网、微会员、微推送、微支付、微活动、微报名、微分享、微名片等，是一种线上、线下的微信互动营销方式。

❋ **大数据**

大数据是一种在获取、存储、管理、分析方面大大超出传统数据库软件工具处理能力范围的数据集合。大数据具有海量的数据规模、快速的数据流转、多样的数据类型和低成本创造高价值四大特征。

❋ **嵌入式系统**

嵌入式系统是一种嵌入到控制系统内部，为特定应用而设计的专用处理器芯片或专用计算机系统。根据英国电气工程师协会的定义，嵌入式系统为控制、监视或辅助设备和机器工作的设备，还可用于工厂运作。与个人计算机这样的通用计算机系统不同，嵌入式系统通常执行的是带有特定要求的、预先定义的任务。由于嵌入式系统只针对一项特殊的任务，所以设计人员能够对它进行优化，减小尺寸，降低成本。嵌入式系统通常会进行大量生产，所以随着产量的增加，单个成本的节约，将得到有效放大。

❋ **嵌入式处理器**

嵌入式处理器是嵌入式系统的核心，是控制、辅助系统运行的硬件单元。嵌入式微处理器与普通台式计算机微处理器的设计在基本原理上有相似性，但是嵌入式微处理器的工作稳定性更高，功耗较小，对环境（如温度、湿度、电磁场、振动等）的适应能力强，体积更小，且多为某种专业用途而设计制造。

❋ **Facebook**

Facebook 是美国的社交网络服务网站，于 2004 年 2 月 4 日上线，主要创始人为马克·扎克伯格。

❋ **Twitter**

Twitter 是美国的社交网络及微博客服务网站，是全球互联网上访问量最大的十个网站之一，是微博客的典型应用。它允许用户每次更新不超过 140 个字符的消息，这些消息也被称为"推文"。这个服务是由杰克·多西在 2006 年 3 月创办，并在当年 7 月启动的。Twitter 被称为"互联网的短信服务"。

❋ **YouTube**

YouTube 是世界上最大的视频网站，于 2005 年 2 月 15 日注册，由陈士骏等人创立。2006 年 11 月，Google 公司以 16.5 亿美元收购了YouTube。

❋ **微信**

微信是腾讯公司于 2011 年 1 月 21 日推出的一个为智能终端提供即时通信服务的免费应用程序，其支持跨通信运营商、跨操作系统平台，可通过网络快速发送免费（需消耗少量网络流量）语音、视频、图片和文字。

❋ **微博**

微博，即微型博客的简称，也是博客的一种。其通过关注机制分享简短的实时信息，是广播式的社交网络平台。微博作为一种分享和交流的平台，更加注重时效性和随意性，其更能表达出人们每时每刻的想法，反映最新动态。博客则更偏重于梳理自己在一段时间内的所见、所闻、所感。

❋ **网上冲浪**

网上冲浪指在互联网上获取各种信息，进行工作、娱乐等。在英文中，上网是"Surfing the Internet"，因"Surfing"的意思是冲浪，所以称为"网上冲浪"，这是一种形象的说法。网上冲浪的主要工具是浏览器，在浏览器的地址栏输入 URL 地址，在 Web 页面上可以移动鼠标光标到不同的地方进行浏览，这就是所谓的网上冲浪。

环境篇

　　网络空间是亿万民众共同的精神家园。现实社会的"真善美"和"假恶丑"在网络空间中都会不同程度地表现出来。我们要汇聚网络正能量，唱响网络主旋律，培育积极健康、向上向善的网络文化，用社会主义核心价值观和人类优秀文明成果滋养人心、滋养社会，为广大网民，特别是青少年营造一个风清气正的网络空间。

营造网络应用安全环境

5.1 如何避免"网上冲浪"偷走时间

　　小明从小学到初中毕业都是品学兼优的好学生，聪明好学、遵守纪律，老师称赞、同学喜欢。他的父亲是当地的一名机关干部，母亲是个体经营者，父母对儿子期望很高，因此要求也很严格。

　　经过努力，小明考上了当地的一所重点高中，父母买了一台计算机作为奖励送给小明。开始小明只会一些简单的操作，然而没多久就着了迷。父母原以为他只是一时兴趣，就没有制止。但小明的网瘾越来越大，学习成绩也一落千丈。小明自己也很想改变这种现状，但是一打开计算机就很难控制自己，后来甚至出现了上课打瞌睡、注意力不集中等现象。老师着急、同学埋怨、家长批评，使他的压力非常大。

　　青少年好奇心强，但自制力相对较弱。网络虚拟的社会环境、自由的发言方式、不断涌现的新游戏、新技术和新信息，很好地满足了青少年的好奇心理。各种娱乐节目和精彩的网络游戏更是成为学生日常谈论的话题，如果对此一无所知，有些学生就会觉得很没面子。为了和其他同龄人有共同交流的话题，很多青少年走进了网络，但一旦上网，便难于抵挡诱惑，甚至沉溺于此不能自拔。

　　那么，我们应怎样防止类似情况的发生呢?

我们应避免习惯性地在网上闲逛。当我们打开浏览器时，可能随手就又打开了邮箱、QQ、微信、抖音、微博等，一个一个地浏览将花费大量时间。如果没有合理利用上网时间，我们很容易成为计算机、网络的"奴隶"。计算机只是工具，我们使用它是为了完成某件工作或事情，如查找资料、获取新闻、撰写博客和微信等。因此，我们在上网前要想清楚上网的目的，有规划地使用网络。

如何防止沉迷网络游戏

据报道，17岁的少年小新为了上网玩网络游戏，竟然重伤了自己的奶奶和爷爷。

两年前，小新开始沉迷网络游戏，学习成绩陡然下降，初中还没有毕业便辍学了。玩网络游戏的瘾越来越大，而上网需要钱，他想到爸爸每个月都会给奶奶和爷爷生活费，于是就动起了歪脑筋。一天，小新去了爷爷家，到了晚上看奶奶和爷爷都已经睡了，就去翻找，可他又怕奶奶和爷爷发现，于是将他们打成重伤。

网络世界是一把双刃剑，许多青少年深陷在网络游戏的虚拟世界中不能自拔，影响了学业，摧残了身心，有的上当受骗，有的甚至伤害亲人。防止青少年沉迷网络游戏涉及社会、学校、家庭、个人等多方面，就家庭与个人而言，以下几方面需要我们关注。

❶ 生活中家长应多与子女沟通，并且注意沟通方式，多从孩子的角度出发，避免居高临下、泛泛而谈地空洞说教，并应坚持以身作则，给孩子树立好的榜样。

❷ 家长应注意发掘孩子的学习兴趣和潜能，鼓励激发他们的自信心，使孩子在

学习上有"成就感"。多培养孩子的爱好、兴趣，发挥其特长及潜能，转移孩子上网的注意力，而不是强制限制上网。

❸ 青少年要有意识地多参加体育运动、社会集体活动，增强体质和现实责任感。同时要学会合理使用计算机，有效发挥计算机的作用。

❹ 家长与学校间应多沟通，及时关注学生的心理、行为变化，相互支持和理解，为青少年的健康成长营造一种温馨的氛围。

5.3 如何抑制网络暴力

2017年8月，四川九寨沟发生地震后，社会各界纷纷向灾区伸出援助之手，演员吴某也在第一时间低调地进行捐资。然而，由于正值其电影上映期间，部分网民采用暴力语言，以"逼捐"的方式要求其多捐款。

其实，被"逼捐"的明星或社会公众人物并非只有吴某一人，还有很多公众人物在敏感事件发生前后受到过不同形式的"网络暴力"攻击。在网络信息时代，一些普通人也会受到牵连。例如，"某野生动物园老虎伤人事件"中受伤女游客及家人，"某地女司机被打案"中女司机及家人，都被部分网民"人肉搜索"和网络暴力攻击。网络暴力看起来无形，但其带来的伤害和影响却十分明显。

网络暴力不同于现实生活中拳脚相加、皮肉受苦的暴力行为，是借助网络的虚拟空间对人进行的歪曲、诋毁、伤害与诬蔑，主要包括语言、文字、图片、视频等多种形式，往往具有刻薄、恶毒、无理、极端等特点。网络暴力不但对当事人进行人身攻击、恶意诋毁，还可能将伤害行为从虚拟网络转移到现实社会中，对当事人进行"人肉搜索"，将其真实身份、照片、生活细节等个人隐私公布于众，不但严重影响当事人的精神状态，更破坏了当事人正常的工作、学习和生活状态，甚至造成严重的后果。

净化网络环境，对网络暴力现象进行防范和治理，我们应该如何做呢？

首先，网络虽然是一个开放性的平台，人人可以是信息的发布者和信息的转载者，但这并不意味着网络是一个不受控制的平台。作为网民，应当提升自己辨别是非的能力，遇事要以理性、客观的态度去对待，不要情绪化地发表自己的看法。

其次，网络应用经营者要担负起法律责任，履行好把关职能。网站的运营管理人员，既要给网民们一个自由讨论的空间，又要做到正确的引导，使网民在畅所欲言的同时做到理性思考、理性发言，使网络活动更有秩序。网络内容只有具备正确的舆论导向，网络才能良性运转，更好地造福社会，服务社会。

网络暴力的解决是一个漫长的过程，随着人们素质的提高和全社会的共同努力，网络暴力必定会得到有效治理，网络环境也必定会更加健康。

5.4 如何看待网络人身攻击

据报道，澳洲一名14岁少女因不堪多年的网络欺凌，于2018年1月3日自杀身亡。这是一起典型的因网络人身攻击造成严重后果的极端案例，值得人们反思。2017年下半年，中国互联网络信息中心（CNNIC）曾进行过一次专项调查，调查结果表明，70%的调查问卷填写者有时遭遇过网络人身攻击，
20%的填写者很少遭遇过网络人身攻击，10%的填写者没有遭遇过网络人身攻击。

在网络世界中，每个人都有发表看法的自由和权力，也不同程度地存在受到他人评论的可能。有些人会对自己不喜欢的观点发表比较极端的看法，甚至出现带有人身攻击的污蔑性言语，对他人施加网络暴力，给其带来困扰和伤害。

造成这一现象的主要原因有两点：一是个别网民将网络当成了"发泄"的场所，对自己的言论无所顾忌，随心所欲编造各种污言秽语，对他人恐吓骚扰、恶意中伤；二是网络监管存在漏洞，个别网站实行粗放式管理，对信息来源、信息内容不做过多限制，照单全收／全发，没有担负起应有的信息管理责任。

那么，我们应该如何做，以避免网络人身攻击事件的再次发生呢？

❶ 积极推进网络实名制，要求网民在网络中的身份与现实中的身份一一对应。这样，现实中的道德约束也可以在网络中发挥作用，可使网络中的贬损、侮辱、谩骂、诽谤等粗俗言语得到控制，督促大家保持良好的"网络形象"。

❷ 完善网络信息管理机制，对网络中一些不当言语进行过滤清除，对一些造成重大不良影响的网民进行相应程度的惩罚。只有道德自律与法律管束双管齐下，才能法安天下、德润人心，为广大网民营造一个健康绿色的网络环境。

❸ 强化网民网络素养教育，从根本上提升广大网民用网的文明程度。通过媒体宣传、举办活动、专项答疑、有奖竞猜等多种形式，开展网民网络素养培育，营造良好的用网氛围。

此外，言论自由是社会先进性的体现，我们在治理网络人身攻击行为的同时，也要鼓励支持理性的网络言论和行为，建立真正的网络伦理规范和网络礼仪，构建文明的网络生态环境。

5.5　如何抵制网络自杀游戏

2017 年 5 月，微博热搜榜上出现了一个引人注目的标题："蓝鲸死亡游戏"。进入之后，页面上赫然显示出一张张触目惊心的照片和令人毛骨悚然的文字。这款游戏诱骗青少年自残甚至自杀，已致至少百余名俄罗斯青少年死亡，且扩散至世界多个国家。

游戏通过一个个充满负能量的任务诱导青少年匆匆走向生命的尽头。就是这样一个在很多成年人眼中"荒诞愚蠢"的游戏，却让如此多的青少年沉浸其中不可自拔。原因到底为何？

第一，青少年处于儿童到成年的过渡期，无论从心理还是生理上都在急剧地发展变化，对新鲜事物敏感好奇。该游戏正是利用这点对一些消极事物进行包装和渲染，诱骗还不具备成熟辨别是非能力的青少年。

第二，现在的青少年虽然生活条件优越，但随着社会竞争愈演愈烈，心灵的焦虑和压力较大。当这样的压力越积越多，甚至无法排解时，就会产生焦虑感和因社会胜任需求未得到满足所产生的累赘感。而当孤独感和累赘感同时出现时，就易造成危险事件的发生。

第三，游戏通过信息控制、行为干预、人格摧毁等手段诱导青少年，从而导致悲剧的发生。

因此，我们必须要构建起一张安全的社会网络。首先，作为青少年的监护人，家长至关重要。广大家长要及时、充分了解孩子的思想动向和行为举止有无异常。同时，要警惕孩子使用的计算机或手机中出现敏感字眼的群组。加强对孩子的思想疏导和教育引导，防范青少年参与此类游戏。学校、教师和同学共同营造良好的学习和成长的氛围，使学生时代快乐、舒畅。

其次，作为信息的传播者，媒体要积极履行好社会责任。一方面，各大媒体平台要加大力度排查并删除带有敏感词的社交群；另一方面，应联合教育部门，针对广大青少年及部分家长网络安全意识薄弱的现状，开设相关网络安全和心理健康课程，提高青少年安全防范意识，自觉抵制不良网站，增强青少年心理抗压能力。

与此同时，网络安全执法部门应加大对这类危险游戏的打击力度。加强社会监督力量，对引导教唆他人自杀或执行其他危险行动的人员要进行严惩，从源头上封堵有害信息，为青少年构建起一张安全的社会网络。

5.6 如何铲除网络恐怖"毒瘤"

法国电视 5 台的法语频道曾受到过黑客攻击，造成电视信号中断近一天，电视台的网站和社交网络同时被黑客控制，出现了大量反动标语、图片和视频。法国相关人员随后表示，这是一次网络恐怖袭击，法国政府将对与恐怖袭击有关联的组织和个人展开司法调查。

网络恐怖主义主要指非政府组织或个人有预谋地利用网络，以破坏目标所属国的政治稳定、经济安全，扰乱社会秩序，制造轰动效应为目的的恐怖活动，是恐怖主义向信息技术领域扩张的产物。

随着全球网络化的发展，破坏力惊人的网络恐怖主义正在成为世界的新威胁。借助网络，恐怖分子不仅将信息技术当作武器来实施破坏，而且还利用信息技术招兵买马，通过网络来实现管理、指挥和联络。据报道，2017 年 10 月 31 日，美国纽约市曼哈顿区发生恐怖袭击，一辆卡车在路上疯狂撞击路人，导致 8 人死亡、12 人受伤。警方赶到后开枪击中嫌犯腿部并将其逮捕。在 11 月 1 日的新闻发布会上，纽约警方透露，嫌犯在互联网上接触到极端组织通过社交媒体发布的、指导追随者如何发动袭击的信息，并"几乎完全遵照执行了这些指示"，并实施了这场袭击。

网络恐怖主义与传统恐怖活动、黑客攻击之间既有联系，又存在着本质上的不同。网络恐怖主义是一种恐怖活动，本质上是企图通过制造能引起社会足够关注的伤害来实现其目的。一方面，与传统的恐怖活动相比，它使用的信息科技手段更为高明、隐蔽；另一方面，网络恐怖分子虽然利用黑客技术实施攻击，但又不同于普通的黑客攻击主要基于个人喜好或经济利益，而是出于政治目的，想引起物理侵害或造成巨大的经济损失，是一种暴力行为。

从目前来看，防范网络恐怖主义、铲除网络恐怖"毒瘤"需要加强以下措施。

❶ 增强安全教育。重视人才的培养和公民的安全教育，发动全社会力量保障网络安全。建立政府、企业和安全技术人才之间的合作关系，把加强安全意识的活动推广到社会各个部门和普通大众，提高全社会保护网络和信息系统安全的能力。

❷ 完善管理体制。建立相应机构，完善网络安全的管理体制。例如，我国成立了中国共产党中央网络安全和信息化委员会，领导和协调国家安全、网络安全及行业主管部门深入开展网络应用和网络安全等各方面的工作。

❸ 健全法律法规。推动立法，构筑坚实的安全防护网，建立和健全防范、处罚不法分子的法律，加强政府防控危机的体制和能力。

❹ 加强国际合作。建立国际合作体系，共同应对网络恐怖威胁。网络已将不同国家和地区连接在一起，全球性网络延伸到了整个地球。跨国界网络攻击迅速而隐蔽，追查和发现这种攻击行为非常困难。因此，任何国家要想保护重要信息系统和网络的安全，都需要国际合作体系的协助。

5.7 如何认识并规避网络赌博

2017 年杭州发生的"6·22"保姆纵火案，引起社会的广泛关注，人们在痛惜案件造成人员伤亡的同时，对被告人莫某的行为感到愤恨，更对其行为动机感到震惊。经查，自 2017 年 3 月起，莫某多次以手机为载体进行网络赌博，为获取赌资，盗取被害人家中金器、手

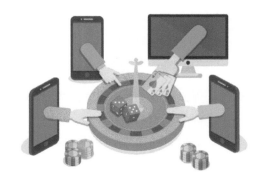

表等贵重物品进行十余次典当，至案发时仍有典当价格 13 万余元的物品未赎回。3月至 5 月，莫某还以老家买房为借口，先后 5 次向被害人借款共计 11.4 万元用于赌博。6 月 21 日晚，莫某将盗取的被害人家中的手表进行典当，获得资金 3.75 万元用于网络赌博，直至 6 月 22 日凌晨 2 时 4 分，其账户余额仅剩 0.85 元。

莫某案的发生令人痛心，而更令人痛恶的是与该案件相关的网络赌博。网络赌博由于比传统赌博更隐蔽、便捷，更容易吸引民众参与，且不受空间限制，对社会危害极大。网络赌博网站诈骗近期呈高发态势，这种骗术主要利用搜索引擎推广、"业务员"冒充美女，通过社交软件添加好友、发布论坛广告等方式吸引用户登录境外网站参与赌博，随后通常会通过以下三种方式进行诈骗。

第一种：设置"连赢陷阱"。无论用户投入多少钱，押大还是押小，系统都会让用户赢，用户账户里的钱会越来越多，但一旦想取出，就会设置种种条件，要求用户先转开户费、保证金等。总之，投入的钱很难收回。

第二种：发放意外"红包"。一般用户在赌了几把后，赌博网站会将用户的账户余额增加几万元，正当用户欣喜之时，赌博网站会打来电话，声称系统错误，要求用户汇入同样数量的钱到指定账户，才能取现，否则将冻结账户。一般在汇钱后，系统再告知有其他限制，用户仍然无法取出账户里的钱。

第三种：冒充警察"敲诈"。一般用户在赌了几把后，骗子会先用改号软件冒充通信运营商，声称用户因注册非法网站即将停机（一般注册时都要求填写手机号码），还要接受公安机关调查。随后电话会被转接到"公安局"，要求用户将账户上的钱转到"安全账户"才能不被通缉。

那么，如何才能避免误入网络赌博的圈套呢？

首先，要提高认识，参与网络赌博是违法的，网络赌博网站真假难辨，用户不可能从中赚取钱财；其次，要杜绝投机心理；最后，用户可以多培养兴趣爱好，避免心理空虚、无所寄托，让自己的生活方式更加健康。

 5.8　如何客观辨析网络舆论

2011年11月月初，有关"艾滋肉"的传言一度成为网络热点。消息声称我国某地区的一些人出于对政府的不满，将艾滋病病人血液加到牛羊肉中，卖给当地居民。由于广大网民对病症既不熟悉又十分害怕，所以一时议论声起，众说纷纭。有的人因了解病因及病毒的存活能力、传播方式，在网上出面辟谣，希望人们相信科学，不要以讹传讹。有些不明真相的网民或别有用心者却歪曲事实，以致事件不断发酵，甚至出现人身攻击的情况。

当前，随着网民数量的增加，微博、微信等社交媒体和移动互联应用的快速发展，互联网已成为海量信息汇聚的平台、多方利益诉求汇集的场所、各种思想交流碰撞的渠道。可以说，互联网正在变成世界上最大的舆论场，网上发表的个人言论成为公众舆论的主要途径。但是，网络意见庞杂，有的网民客观、理性，有的主观、偏激；有的讲究伦理道德，有的满口污言秽语；有的注意传播正能量，有的刻意造谣生事；有的注重维护国家民族利益，有的故意诋毁党和政府形象。特别是敌对势力，会利用互联网网站媒体化、行为隐蔽化、言论公开化的特点，极力宣扬西方文化及其价值观，以历史虚无主义搅乱大众视听，利用各种机会煽动民众与党和政府对立，妄图让"颜色革命"在中国也出现。对此我们必须时刻保持警惕。那么，在各种网络舆论面前我们应如何面对呢？

❶ 时刻保持头脑清醒，客观看待网络舆论。对于不了解、不熟悉的事件、观点等，无论别人怎么说，如何议论，都不可在不了解事情缘由的情况下妄下结论，甚至主观臆断、妄加批判，如果这样，可能会伤及无辜或是做了别有用心之人的帮凶。

❷ 作为法制社会的一员，我们应该不断学习法律知识，自觉提高法律意识。只有丰富了自身的相关法律知识，我们才可以正确判断什么该做，什么不该做，便不会轻易被错误的网络舆论诱导，更不会稀里糊涂地成为非法活动中的一员。

❸ 对宣扬社会主义核心价值观、传承中华民族优良传统文化、符合国家相关政策的具有极大正能量的舆论，我们要敢于坚持、大胆支持，积极主动地维护它，为真正的网清气正做出一份努力。

5.9　如何正确看待网络言论自由

2018 年 2 月 15 日，除夕之夜，93 岁高龄的中国工程院院士、"核潜艇之父"黄旭华在央视春晚舞台上向全国人民送上新春祝福，并希望青年一代为国争光。一时间，院士的新春祝福和寄语引发热议，令无数青年备受鼓舞。然而就在这样的氛围下，2 月 15 日至 16 日，新浪微博用户"礁律师＿a6j"发表不良言论，对黄旭华院士进行公开侮辱和诋毁，造成极其恶劣的影响。

事发后，山东省临沂市临沭县公安局接到网友举报，立即展开调查。2 月 18 日下午，临沂发布了"临沭县关于对郑山街道礁某利用新浪微博诋毁黄旭华院士的情况通报"。礁某捏造事实，侮辱他人，影响极坏，该县公安局按《中华人民共和国治安管理处罚法》对其拘留 10 日，罚款 500 元。

人们使用网络可以表达自己的思想和看法。《中华人民共和国宪法》明确规定，我国公民享有言论、出版、集会、结社、游行、示威的自由。网络言论自由在扩大社会民主、促进民主监督、缓解社会矛盾冲突、促进公民知情权的实现上起到了非常好的作用。用网络带动、促进社会民主，是我们发扬民主的一种新的途径。然而，有的人将网络言论自由"滥用"，进行"网络自由言论"，不惜损害其他公民的隐私权、名誉权，扰乱社会公共秩序，损坏网络空间的公信力等，给社会造成了极其恶劣的影响。

无论在哪里，言论自由都应该有底线。这个底线简单说就是不能触犯法律和伤害他人的尊严。为净化网络环境，需要在网络言论自由和网络自由言论之间建立一种平衡，可以从以下几方面着手。

❶ 提高网民网络道德素养和法律意识，坚决抵制有损网络文明、有悖网络道德、有损网络和谐的事，养成不造谣、不信谣、不传谣的好习惯，文明健康上网。

❷ 网络服务提供者应依法监督和规范网民的行为，对于诽谤、侮辱、扰乱社会公共秩序等行为负有主动审查的义务。网站与网络工作者应该做到快速发现谣言、阻断谣言传播，并不断引导和规范公民网络监督权的行使。

❸ 受害者应拿起法律武器维权，使造谣者受到应有的惩罚；相关部门要准确地回应网络舆情信息，及时回应公众疑问，尽快消除谣言和误解，同时不断完善有关网络言论自由的法律规范。

5.10 如何认清网络有害信息

网络的开放性有利于人们在网上发表自己的观点，抒发情感。但有的人为了娱乐，会发布一些无聊的信息，也有的人会利用网络编造虚假信息骗取钱财。因此，网络中存在部分不正确的信息、不值得一读的信息或不可信的虚假信息。这些有害信息对广大网民，尤其是青少年将造成不良影响。

网络有害信息指网络上一切可能对现存法律、公共秩序、道德、信息安全等造成破坏或者威胁的数据、新闻等。

网络有害信息大体上分为"触犯法律""违反道德""破坏信息安全"三类。其中，"触犯法律"类的有害信息指法律法规明文禁止在互联网上制作、发布和传播的相关内容，包括危害国家安全、破坏国家统一的反动言论、谣言，涉及枪支、毒品、爆炸物、管制刀具、违禁药品、假证、假发票等产品的买卖信息，涉及虚假股票证券、信用卡、短信、微信、微博、短视频、音频、彩票的诈骗信息等多方面内容；"违反道德"类的有害信息指与中华民族优良的传统文化、社会公德及核心价值观相违背的内容；"破坏信息安全"类的有害信息主要指含有黑客攻击、病毒等的高安全风险内容，这些内容会对网络的安全造成威胁。

目前有害信息的传播途径主要有以下几种。

❶ 利用邮箱、QQ、微博、微信、短视频平台、网购平台等网上交流工具，诱使人们通过单击不明来源信件，传播有害信息网址或内容。

❷ 通过二维码使人们登录有害信息网站。

❸ 利用技术手段，访问被屏蔽的有害信息网站，或利用个别软件，通过关键词直接搜索有害信息内容，或以匿名的方式，用云存储、"网盘"存储传播，或用FTP上传有害信息内容至服务器。

5.11 如何处置网络谣言

"告诉家人、同学、朋友暂时别吃橘子！今年广元的橘子在剥了皮后的白须上发现小蛆状的病虫。四川埋了一大批，还撒了石灰……"这样一条信息疯狂传播。随着信息的迅速转发，再加上一些不负责任的媒体、不明真相的群众及恶意破坏网络者的推波助澜，使人们的恐慌情绪加剧。这种恐慌情绪的累积，导致出现了一场全国性的柑橘销售危机。据报道，在湖北省，大约七成橘子无人问津；在北京新发地批发市场，商贩们开始贱卖橘子；在山东济南，商贩为了证明自己的橘子无虫，一天吃6至7斤"证明无害"。

谣言是一种不健康的、低级的、具有很大破坏性的文化现象，网络用户的增长与谣言的产生传播相伴而生，在社会生活中不可避免。网络谣言内容涉及面非常广泛，大到关系世界和平、国家利益，小到关系每个人的日常生活、个人隐私，而且不受地域的限制，破坏力极强。网络谣言就像网络中的"核武器"，备受世界关注。

谣言止于智者，作为一名公民，抵制网络谣言、维护社会和谐稳定是我们共同的责任。

❶ 提高科学素养。很多网络谣言往往是由于部分网民缺乏基本科学知识才得以广泛传播的。网民在具备这些基本的科学常识后，类似的网络谣言则无法再形成气候。

❷ 提高辨别能力。在面对微博、微信，以及其他社交平台发布的信息时，我们首先应该以一种批判的眼光来看待，综合信息传播的环境来辨别信息的可信度，做到去伪存真。

❸ 切断传播源头。在面对不明就里的网络事件时，应该冷静对待，拒绝惯性思维，不围观造势，避免网络谣言的升级，从源头切断传播链，压缩网络谣言的传播空间。

5.12 如何自觉抵制网络消极、低俗文化

据中新网报道，2014 年 4 月 11 日，高阳县公安局网安大队民警在工作中发现在一个 QQ 聊天群组的共享空间中发布了 31 部淫秽视频文件、15 张黄色图片，该 QQ 群共 463 人。经查，民警确定视频的发布者为董某。4 月 16 日，网安大队与刑

侦部门将犯罪嫌疑人董某抓获。董某对通过QQ聊天群组传播淫秽视频的犯罪事实供认不讳，因此被依法刑事拘留。

网络消极、低俗文化，即在网络上发布的不符合法律法规的内容，包括宣扬血腥暴力、凶杀、恶意谩骂、侮辱诽谤他人的信息；容易诱发青少年不良思想行为和干扰青少年正常学习生活的内容，包括直接或隐晦表现人体性部位、性行为，具有挑逗性或污辱性的图片、音视频、动漫、文章等，非法的性用品广告和性病治疗广告，以及散布色情交易、不正当交友等信息；侵犯他人隐私的内容，包括走光、偷拍、露点，以及利用网络恶意传播他人隐私的信息等；违背正确婚恋观和家庭伦理道德的内容，包括宣扬婚外情、一夜情等信息。

值得注意的是，网民在网络消极、低俗文化的传播中有时扮演了多重角色，既是消极、低俗话题的制造者，又是消极、低俗现象的观望者；既是消极、低俗现象的推动者，又是消极、低俗文化的受害者。

为了消除网络消极、低俗文化，我们应该这样做。

❶ 努力学习掌握科学文化知识，不断提高思想道德水平，全面提升自身素质。

❷ 增强法律意识，提高自我保护能力。

❸ 净化语言，健康上网，自觉抵制有害信息和低俗之风，发现有人浏览低俗内容时应及时劝阻。

❹ 发现低俗的内容、网站时应及时向国家有关部门举报。

🌩 5.13 如何看待网络"恶搞"现象

一段时间，"恶搞"成为互联网上的流行词。曾经电影《无极》被一名为胡某的年轻人"改头换面"。《一个馒头引发的血案》短片在互联网上广为传播，国人也因此领略了网络"恶搞"。

其实"恶搞"现象如今仍屡见不鲜。在电视剧和图书中,《天仙配》被拍成了武打戏,孝子董永成了武林高手;"大话""水煮""麻辣""清蒸"四大名著出现;《三国痞》《嘻游记》《水煮三国》《王熙凤执掌红楼36招》等,原著中的故事早已被改得面目全非。在恶搞者眼中,名人的照片、古典诗词、经典著作都可以恶搞。更有甚者,用讽刺、戏谑、歪曲、

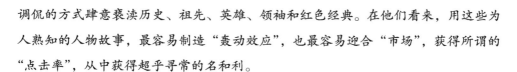

调侃的方式肆意亵渎历史、祖先、英雄、领袖和红色经典。在他们看来,用这些为人熟知的人物故事,最容易制造"轰动效应",也最容易迎合"市场",获得所谓的"点击率",从中获得超乎寻常的名和利。

如果任由这种"恶搞"风气蔓延,将污化、俗化中国优秀文化和良好习俗。主流意识形态和价值观将受到极大冲击,社会主义道路自信、理论自信、制度自信、文化自信也就难以践行。

娱乐从来都是有"底线"的,不是什么都可以调侃,什么都可以戏弄。真善美,假恶丑,历来泾渭分明。颠倒黑白,指鹿为马,在任何一个国度,任何一个民族,都是不能容忍的。在法国,圣女贞德是法兰西民族的英雄,对她调侃打诨被视为违背道德的极端行为;在美国,马丁·路德·金是反抗种族压迫的无畏战士,对其有不敬之词会遭到美国民众的痛斥。同样道理,在中国革命史上产生了无数个像刘胡兰、董存瑞、黄继光那样的英雄,受到全社会的尊崇,他们身上具有的献身精神,体现的是中华民族的道德传统,对他们的不敬,同样应被视为对民族精神的亵渎。当然,不论是历史上真正的英雄,还是根据生活原型塑造的艺术形象,都潜移默化地传播着一种精神品格。

广大网民,特别是青少年应当树立正确的道德观、历史观,提升道德和文化素养,正确对待网络"恶搞"。

❶ 增强网络道德意识和法律意识。谨记任何形式的文化娱乐活动都必须遵守

法律，不违反基本的社会公德，不做超越公民道德底线的事。

❷ 努力传递正能量。我们应传递健康、正面、积极、向上的信息和理念，坚持弘扬社会主旋律。

❸ 不断加强文化修养。承载一个人内在禀赋的是文化修养，承载和传承一个民族的基因与灵魂、精神与信仰的是传统文化。良好的文化修养是明辨是非、走向正道的根本保证。

5.14　如何看待"网红"

2017年5月，一名曾因参加某综艺节目而走红的"网红"何某（女，35岁，上海某地人），在网络直播平台"友视"上大量上传自拍淫秽收费视频百余部。"友视"直播平台通过粉丝订阅主播方式，收费标准在几十到几百元不等，大量传播淫秽视频。这些视频在该平台上点击量大，传播范围广，影响恶劣。警方以何某传播淫秽物品为突破口，辗转重庆，一举捣毁其幕后直播平台"友视"，抓获包括该平台实际经营人、工作人员在内的5名涉嫌传播淫秽物品的犯罪嫌疑人，侦破了这起利用直播平台传播淫秽物品的案件。

近几年来"网红"这个词逐渐走进了人们的视野。网红是"网络红人"的简称，指在现实或者网络生活中因为某事件或者某种行为而被网民关注，从而走红的人。其走红皆因为自身的某种特质在网络作用下被放大，与网民的审美、审丑、娱乐、刺激、偷窥、臆想，以及看客等心理相契合，有意或无意间受到网络世界的追捧，成为"网红"。

当网络直播越来越火的今天，各"网红"之间的竞争也越来越激烈，有的主播为了吸引粉丝、提高自己的知名度做出许多令人匪夷所思的事情，如一些主播做出自残、吃芥末方便面等行为，还有的主播被指出做假慈善，而有些所谓"美女网红"的直播画面不堪入目，严重影响青少年的成长。

那么，我们应怎样应对低俗"网红"的现象呢？

❶ 对于网民来说，要坚决抵制某些网红的出格行为，遇见低俗、不堪入目、负能量的直播内容要及时举报。

❷ 加强对网络直播平台的管理，只有加强管理才能净化网络直播的环境。要加大管理惩罚力度，约束那些以奇葩行为博观众眼球的主播们，为广大青少年提供安全、健康的网络环境。另外，建议关闭小型而又缺乏正规管理的直播平台。

5.15 如何把控网络猎奇心理和行为

据报道，2014 年 11 月，网络推手"立二拆四"（杨某）涉嫌非法经营案在朝阳法院开庭审理。被告杨某供述，"和尚船震门"和"干爹带我游奥运"这两起知名炒作事件都是出自其手，而两起事件的最初目的是为了捧红某画家和某奥运旅游项目。这种利用"丑闻"，甚至是虚假的"丑闻"进行炒作的行为之所以能够"成功"，就是利用了人们的猎奇心理。

好奇心理是人们生来就具备的，人人都有好奇心。但是，一旦这种好奇心超出了正常的范围，就会出现一些极端的现象——产生猎奇心理。而人们为了满足猎奇心理，找到发泄的途径，便会下意识地关注某类现象、追捧某类事物，从而产生猎奇行为。借助网络平台，猎奇行为似乎更容易实现。这些猎奇行为往往是在非常私密的环境下进行的，不同于大众化的活动，但猎奇行为的背后往往隐藏着陷阱，可能会诱使人们在心理、情感、认知上发生扭曲，影响人们的正常生活。这种猎奇心理和猎奇行为的存在，不可避免地会助长社会不良风气，降低大众的文化品位，减弱人们的社会责任感，同时也为别有用心之人提供了方便。

因此，克服网络猎奇心理和行为，我们要注意以下几点。

❶ 提升品德修养。努力克服以自我为中心的观念，不能过分追求自我满足、强调个人感受和恣意的个人行为。需要增强社会责任感和道德意识，增强追求真善美、抵制假恶丑的自觉性。

❷ 保持心理健康。要有正常的宣泄渠道，让自己的一些不满情绪有发泄的场所，培养一定的爱好来缓解可能产生的心理压力。

❸ 严防网络陷阱。对赠送、免费、优惠等宣传要小心，对网页、手机上具有很大吸引力的链接和突然发送的文件要警惕，点击可能会遭到黑客的攻击和病毒的侵害。

5.16　如何正确对待网络消费

据人民网报道，小陈常常被亲朋好友调侃为网络"购物狂"。小到牙膏、洗发水，大到热水器、洗衣机，这几年小陈家里的吃穿用度基本都靠网购解决。小陈说道："网购已经深入到我生活的每个角落了，早上到单位后第一件事就是登录各大购物网站，看看当天有哪些新品上架，有什么打折优惠，看到便宜的就赶紧下手，每天能收到好几个快递包裹，如果哪天没有包裹来反而有些不习惯了。"网购次数越来越多，小陈发现家里的空间越来越小。

像小陈这样的网络购物者很多。据国家统计局 2019 年 7 月 15 日公布的数据显示，2019 年上半年，全国网上零售额为 48161 亿元，同比增长 17.8%。其中，实物商品网上零售额为 38165 亿元，增长 21.6%，占社会消费品零售总额的比重为 19.6%。另外，据报道，2019 年"双 11"活动，天猫全天成交额为 2684 亿元，再次创下新纪录。

网购成为人们日常生活的一种习惯，每逢节日或是像"双 11"这类商家制造出的节日，人们更是难以抵挡各种活动的诱惑。

为了避免非理性的网络消费，我们可以这么做。

❶ 树立健康的消费理念。自觉抵制高消费等风气的影响，养成良好的消费习惯。不盲目消费、攀比消费、超前消费。在进行网络消费时，做到精打细算，财尽其用。计划好开支，量入为出。

❷ 三思而后"买"。网购商品时，要先问问自己购买商品的用途，明确需求和数量后再购买。

❸ 防止上当受骗。尽可能选择专业的购物网站购物，提高购物安全性。在进行交易的过程中，要先明辨网站信息和交易记录的真实性，注意保留与商家的往来聊天记录，保存商品的推介宣传网页，付款时务必选择第三方担保交易模式。学会用法律手段保护自己的权益，如果发现网站涉嫌欺诈，可以向工商管理部门举报或者向消费者协会投诉；如果发现涉嫌诈骗犯罪的，可以向公安机关提供线索报案；退货赔偿等事宜无法协商解决的，还可以通过诉讼途径解决。

5.17 如何客观看待网上社交

据广州日报报道，2014 年 2 月中旬，李某通过某社交应用与年轻女孩沫沫（化名）成为好友。李某头像帅气，且自称是某银行高层。沫沫为了牢牢抓住网上认识的这位"高富帅"男友，不仅发了自己的私密照片，还因各种原因多次向李某汇款，共计

15000 元。她几次想同他见面，可就是不见李某现身。过了一段时间，令她意想不到的是，李某突然变脸，威胁沫沫说如果不继续汇钱，就将她的私密照片发到网上。沫沫这才发现自己被骗，立即向警方报案。

从上述事件可以看出，网上社交暗存风险，网民良莠不齐，心态各异。在相互交流的过程中，有的人为了满足个人的虚荣心，说假话，撒大谎，瞒天过海；有的人为讨得网友的欢喜，花言巧语，真真假假，使尽浑身解数；还有的人满嘴胡言，毫无遮拦，俗不可耐；更有的人卑鄙无耻，包藏祸心，设局下套，用非法的手段骗财骗色。

但是，网上社交作为一种现代交流手段，它的价值有目共睹。网络的开放性、全球性、全时性、即时性，使传统的交友方式发生了革命性变化，网络覆盖各地，人们可以在任何时间、任何地点，以多种方式与不同年龄、性别、地位、国籍的人相互联系、沟通和交流，真正实现了"朋友遍天下"。

面对这样的社交环境，我们应该如何适应呢？

❶ 加强道德自律，增强辨别能力。任何事物都有其两面性，网络社交亦是如此。要想不在网络社交过程中吃亏上当，必须养成良好的道德自律意识和行为习惯，增强对是非、善恶、真假的判断力。

❷ 多进行有目的、有意义的交流。如加入有益的聊天室，减少无边际、无目的的闲聊，这样既达到了交流的目的，学到了知识，又能避免时间的浪费。

❸ 网上交流无法完全代替面对面交流。网络社交快捷、平等、自由的特点可以使许多陌生人不用面对面就能进行交流，长此以往，将弱化个人在现实社会中的沟通能力。有些人网上、网下判若两人，在网上交流时可以口若悬河、妙语连珠，而一回到现实生活中交流又变得支支吾吾、含糊不清。因此，对过度依赖网络交流的人来说，减少上网时间，多与周围的人进行面对面交流显得非常重要。

5.18 如何看待网恋

张某在网络上结识了一位女性朋友林某，两人很快就陷入"爱河"。突然有一天，林某打电话给张某，称自己被绑架，要张某向指定账户汇款5万元。张某先向账户汇款2万元，林某又告知钱不够，绑匪要撕票，让张某赶快想办法。张某怕林某出事，经再三考虑向当地警方报了案。但经警方调查发现，林某其实是一名诈骗惯犯，所有说法都是林某虚构的，目的就是为了骗钱。

人们对自己钟爱的事情常会生出一些美好的联想，但是，网络毕竟是虚拟的世界，在虚拟世界里，某些信息在传播的过程中可能被有意或无意过滤，于是，会有虽然"经常想起她"，却"似乎对她并不熟悉和了解"的感觉。网恋拓宽了人们以往交友的方式，人们可以通过网络了解一个人的基本信息和一些家庭情况，但要想真正了解这个人的品行、习惯，仅靠网络是远远不够的。

诚然，互联网促成的"有情人终成眷属"的故事屡见不鲜，但是，没有现实世界的接触和交流，没有面对面的互相了解，仅仅停留在网络上的恋情不过是镜中花、水中月。有心理学专家认为，不能自持的网恋是导致自我幻想、行为孤僻、工作生活兴趣下降的重要因素之一。

因此，我们应当正确看待"网恋"，它是现实生活中的一种客观存在，不应全盘否定，也不能过度追捧。特别是青少年，正是长身体、学知识的关键时期，在正确认识"网恋"的基础上，应将主要精力放在增长才干、强身健体上。假如有这方面的苦恼，并已经给自己的学习和生活造成了压力，暂且放下也许是最好的选择。

5.19 如何辨别网络传销花样

据中新网报道，2015年8月20日，重庆市公安局九龙坡区分局向媒体通报，该局查获一个利用网站实施非法传销的组织，该组织已发展会员1.7万余人，涉案金额5000余万元。

警方于3月接到张先生报警，称其经朋友介绍向某网络组织投入6000元，并发展两名亲戚朋友成为下线。而该组织没有兑现当初承诺，且投入的钱财无法追回，只好报警求助。

经民警调查发现，报警人加入的是一个传销组织。该组织以设立在九龙坡区的某网络服务有限公司办事处为依托，利用公司网站和会员网站为宣传平台，以推销公司网站商业广告位为名，与参加人签署《某某网络服务合同》，收取参与人3000元现金，使其成为会员，骗取钱财。该组织采取拉人头交钱的手段发展公司会员，并将会员按照层级，组成一定顺序，直接或者间接以发展人员的数量作为计酬或者返利依据，将返利分为幸运奖、推广奖、拓展奖、培育奖等。

网络传销害人害己，却屡禁不止。当人们上网浏览时，经常会被有些网页或弹出的页面内容所吸引，如"轻点鼠标，您就是富翁！""坐在家里，也能赚钱！"，这种消息很可能就是网络传销组织设置的陷阱。

网络传销一般有以下几种形式，值得我们警惕：一是打着"电子商务"的旗号，以"网购"等形式从事网络传销活动；二是宣传"免费获利""消费多少返多少"等，诱导人们加入传销；三是以"在家创业""网络创业"等为诱饵，欺骗人们上当；四是以玩网络游戏、网上博彩为名推广传销；五是打着"慈善救助"的幌子，欺骗群众参与传销；六是打着"微信营销"的旗号，诱骗"朋友圈"的亲朋好友从事网络传销；七是以"旅游直销""免费旅游"的形式，从事网络传销。

不管方式如何，组织者都紧紧抓住了一部分人梦想轻松赚大钱的心理，欺骗误导网民加入，从而达到他们聚敛财富的目的。但是，任何形式的传销都是严重的违法行为。

要防范网络传销，防止上当受骗，最根本的还是要克服贪欲，不要幻想"一夜暴富"。在遇到类似创业、投资等项目时，无论以什么名义，如果该项目并不创造任何财富，但却许诺你只要交钱入会、发展会员就能获取高额"回报"，这时就要提高警惕，理性分析判断，如果抱着侥幸心理参与其中，最终只会落得血本无归、倾家荡产，甚至走向犯罪的道路。

 ## 5.20　如何看破网络非法集资

2015 年 7 月 21 日，广东警方披露侦破了一起互联网公司非法集资案件。该案件以年回报率高达 137.5% 为幌子进行非法集资，涉及多个省份的 6000 余人，资金规模约 20 亿元，是广东警方破获的高投资回报率非法集资案件。

据广东警方介绍，自 2014 年 6 月起至案发，该互联网公司每 1 到 2 个月召开 1 次投资推介会或者经济论坛，宣称公司以发展电子商务 O2O，经营质优价廉的进口商品获得高增长为契机，引诱社会民众与其签署加盟网店投资合同，成为公司投资人和网站会员。

大家都知道非法集资存在着很多风险，轻则无奈被套，重则血本无归，甚至闹出人命。无论集资的形式发生什么样的变化，但对于投资人来讲，可能并不清楚集资款项的真正用途，也根本控制不了后续的资金流向。而这种风险会随着资金的不正常流动呈现非线性的激增趋势。一旦变得不可控制，必然会将其转嫁给投资人。

既然人们都知道非法集资风险高，为什么还会有那么多的人上当受骗呢？随着

经济社会的发展，人们的生活相对宽裕，老百姓手中有了闲散资金，用这些闲散资金获得更多回报是很多人心中的愿望。犯罪分子正是抓住了人们的这个心理，用钱生钱、利滚利、利率比银行高出几倍甚至十几倍的说法，来引诱受害者。受利益驱动，部分人就掉进了陷阱。更可怕的是，在发现上当受骗后，大部分受害者不愿报案，仍相信犯罪分子的承诺，幻想着赚大钱。

那么，我们应该如何防范网络非法集资呢？

❶ 加强法律知识学习，增强法律意识。

❷ 提高警惕，树立防范意识。摒弃"发横财"和"暴富"等不劳而获的思想，坚决抵制非法集资，要做到"君子爱财，取之有道"。

❸ 合法、合规、谨慎投资。不要轻信小广告、信函、网络信息、手机短信、推介会、自行或者雇人游说等方式，散布所销售的是即将上市的公司"原始股"或证券投资基金份额，购买后可获得高额回报的谎言，要详细调查所投资公司，做到心知肚明。

远离非法集资，不要轻信任何网络非法集资者的任何承诺，以免造成无法挽回的经济损失。

 如何正确看待网络募捐

2017 年 12 月，一款名为"同一天生日"的网络募捐活动在微信朋友圈热传。用户只要在募捐平台输入自己的生日，就会匹配一名相同生日的贫困儿童，并通过微信为其捐赠 1 元钱。

然而，细心的用户发现，有的儿童头像照片相同，却以不同名字出现在不同页面，并显示不同的生日。儿童的信息是否真实？募捐平台是否有募捐资质？随着事件的发酵，一连串质疑声接踵而至。

随后，深圳市民政局对发起"同一天生日"网络募捐活动的慈善基金会进行调查，发现其不在指定慈善募捐平台之列，不具备慈善募捐资格。第二天，民政部在其微信公众号上发布首批 12 家慈善募捐信息平台联系方式及二维码。民政部社会组织管理局有关负责人表示，对非法募捐行为予以重点关注、主动介入，对违法活动发现一起，查处一起，绝不姑息，切实维护依法行善的严肃性和权威性。

根据《中华人民共和国慈善法》规定，互联网开展公开募捐应当在国务院民政部门统一或者指定的慈善信息平台发布募捐信息。不具有公开募捐资格的组织或者个人进行公开募捐，民政部门可责令其退还违法募集财产，并对有关组织或者个人处二万元以上二十万元以下罚款。

诈捐、骗捐事件出现的重要原因有两个：一是网络募捐平台繁杂，在网站、微博、论坛、QQ 群、游戏中都可能出现网络募捐活动，且不易分辨真伪；二是网络募捐常采用点对点方式，公众给私人账号捐款，缺乏必要的中间监督环节，且募捐资金的使用、善款余额的处置同样缺乏监督，甚至可能出现"携款出走"的情况。

网络募捐是民间公益和慈善事业的一种有益探索和尝试。作为一种新生事物，需要我们以包容的心态给予一定的发展空间，同时需要从立法、行政等多个角度加强规范管理。那么，在网络募捐时，我们需要注意如下事项。

❶ 有关部门（或平台）要对发起网络募捐的主体资格设定必要的门槛，给予合乎条件的个人和团体必要的募捐主体地位，对参与网络公益募捐的行为进行准确定位和定性。

❷ 无论是网络募捐的主体，还是受助对象，均要公开善款使用情况，主动接受社会各界的广泛监督。

❸ 捐助者通过可信的部门（或平台）进行网络捐助，对于一些不知名平台的网络募捐，需在谨慎核实后实施捐助。

❹ 捐助者需要了解网络慈善相关的立法，学会用法律武器保护自己的利益和维护社会的公平正义，遇到疑似诈捐、骗捐事件时要及时向民政部门举报。

如何识别网络兼职中的骗局

2015年大连市国家安全局破获了一起间谍案，犯罪嫌疑人韩某用手机、计算机把上千张某重要军工项目、军事目标的照片提供给境外组织。

事情的经过是这样的。一天，一个陌生人用微信添加韩某，该微信"好友"自称是记者，需要新闻报道材料，让韩某做兼职为其提供某涉军目标情报。对方表示，只要韩某能提供相关的图片就可以获得相应的报酬，为表示"诚意"，事先预付给韩某1.16万元作为订金。韩某接下这份"兼职"后，按照对方要求，多次提供项目照片，并通过互联网将图片传到境外。短短几个月，韩某"兼职"的这份工作为其带来了累计超过9万元的收入。而韩某最终因涉嫌为境外间谍情报机关非法窃取、提供军事秘密被检察机关逮捕，并判处有期徒刑8年，剥夺政治权利4年，依法追缴其违法所得。

近些年，敌对势力加大了网络间谍的招聘，多以媒体约稿、兼职招聘、网络交友等身份出现，以金钱、美色作诱饵，引诱目标上钩。除了上述情况，也有不法分子利用网络兼职骗取钱财。他们往往利用"上网就能赚钱""工作简单、报酬丰富"等作为吸引条件，诱骗想赚钱、防范心理薄弱的人群。

面对看似获利丰厚的"网络兼职"，我们应该如何应对呢？

❶ 克服贪利思想。越是轻松、钱多、事少的"兼职"，越要加强防范。

❷ 具备防范意识。在寻找"兼职"的过程中要注意隐私保护。小到个人敏感信息，大到国家涉密信息，均不可随意透露。

❸ 通过正规渠道应聘应职。应通过访问正规的求职网站寻找兼职工作。

网络应聘、网络兼职是人们快速、便捷寻找工作的渠道，但同时也需要提高防范意识，以防受骗。

5.23 如何看待"人肉"现象

2015 年 5 月 12 日，在"细数十大'人肉'事件，网络暴力'扒皮'是病"的文章中报道了这样一个案例：在成都市娇子立交处，一名男司机将一女司机逼停后当街殴打，35 秒内 4 次踢中女司机脸部，整个过程触目惊心。该事件一时间成为舆论关注的焦点，引发网民热议。最初女司机被打广受同情，而在打人者将行车记录仪视频曝光后，剧情反转，被打女司机卢某遭网友"人肉搜索"，身份证、生活照、违章记录，甚至开房记录等个人隐私被曝光，同时还有大量未经证实的个人信息也被公之于众。

我们应该如何看待"人肉搜索"现象呢？

"人肉搜索"有其积极的一面，一是为人们个人情绪的释放提供了一种方式。网络虚拟社会给个体提供了一个相对自由的平台，人们可以以一个本真的自我在这个社会中存在，使人们在现实社会中积聚的不满得以释放，有利于个体情绪的平衡。二是对常有恶劣行为的人有一种威慑作用。"人肉搜索"现象的出现，有利于网络社会的德治与现实社会法治的结合。通常情况下，来自社

会道德监督的声音比较微弱，道德一向都以自律来发挥作用，对人们行为约束的强制力不够。所以在某种程度上说，有了"人肉搜索"就有了"道德法庭"，能够使德治和法治双管齐下，有利于社会的稳定。

但"人肉搜索"也容易引起网络暴力，消极影响不容忽视。当被搜索对象的个人隐私被毫无保留地公布，其所面对的不仅仅是人们在网络上的口诛笔伐，甚至在现实生活中会遭受人身攻击和伤害。"人肉搜索"一旦超越了网络道德和网络文明所能承受的限度，就容易成为网民集体演绎网络暴力的非常态行为的舞台。

那么，无论什么原因，当成为"人肉搜索"的对象时，应该如何应对呢？

❶ 及时报警干预。遭受"人肉搜索"或在网上被辱骂时，当事人可直接拨打110 报警。对不涉及刑事犯罪的案件，警方大多会进行调解处理，但侵权行为造成严重后果的，则可能构成诽谤罪。

❷ 诉诸法律保护。当在网上发现自己的个人真实信息被曝光，有人辱骂自己及家人朋友，而且影响到自己或者家人朋友的正常生活时，可以将证据收集齐全，对网友的辱骂页面进行截屏留证，也可以到公证处进行公证，然后到法院提起诉讼，维护自己的合法权益。

❸ 积极消除影响。如果是自己做错了事，引起公愤，除了上述措施，应公开道歉，弥补过失，尽可能地减轻影响。

5.24 如何正确认识网络地理信息

2017 年 5 月，深圳市规划土地监察支队根据群众举报，发现了一个名为"月光论坛"的网站，存在地理信息涉密的行为。网站将含有国家军事秘密的信息在地图上展示。通过网上追踪，执法人员找到了网站的负责人小龙。通过调查得知，小龙是一个只有 27 岁的年轻人，目前在一家网络公司做程序员，网站是他利用业余时间建设和维护的。

如今，网络地图的使用非常普遍，如百度地图、谷歌地图、高德地图等，就连日常使用的 QQ 和微信都有地理坐标功能。也就是说只要我们的手机开机，且能连接网络，就可以通过这些网络地图找到需要的地理坐标。需要注意的是，网上呈现出来的某区域的卫星影像或者航空影像不能称为电子地图，因为其没有坐标，也没有人文的或自然的、标注上的属性，但是一旦在这个区域上标注了属性标识，这个区域就拥有了地理坐标。若该区域的地理坐标和军事设施等涉密单位有很强的关联性，那么就需要注意这些地理坐标的标识权限和知悉范围了。

那么，我们应怎样看待网络地理信息呢？

❶ 充分认识地理信息的重要性。地理信息是国民经济建设和国家安全的重要基础数据。互联网地图作为地理信息的载体之一，同其他地图一样，是国家版图的主要表现形式，体现着一个国家的主权意志和在国际社会中的政治、外交立场，需要具有严密的科学性、严肃的政治性和严格的法定性，所有公民都必须遵守相关法规。

❷ 严格执行互联网地理信息服务的准入制度。互联网地图是一种特殊的地图产品，从事互联网地图和地理信息服务活动必须遵守国家法律法规的规定。

❸ 加强对网络地图和地理信息网站的监管。测绘主管部门要加强互联网地图测绘资质的管理和互联网地图登载、出版前的审核；采取措施，制止涉密地图、高精度坐标成果及重要地形地物属性等通过网络扩散；加快地理信息公共服务平台建设，积极研制公众版数字化地图产品，促进测绘成果的社会化应用。此外，各有关部门应着力开展对网络地图违规行为的查处，并强化日常监管。

 5.25 如何认识网络诚信

据报道，2008 年 8 月 29 日上午，陕西省西安市雁塔区法院公开审理了对陕西省地震局网站进行黑客攻击并故意传播虚假地震信息一案。当年 5 月 29 日 20 时许，西安某学院计算机专业学生侵入陕西省地震局网络的信息发布页面，进入网站的汶川大地震应急栏目，发布了自己编造的虚假信息。此人涉嫌编造、故意传播虚

假信息罪，一审被判处有期徒刑一年零六个月。

网络的符号化、面具化，容易使人弱化自律意识、滋生侥幸心理、放纵个人言行，网络在给人们带来便利的同时考验着人们的诚信和素质。诚实守信是中华民族的传统美德，是一个人良好道德品行的本质内涵。

在虚拟的网络社会中诚信更是一种美德。如果没有诚信，虚拟的网络就会变得虚假，就会充满谎言欺诈，令人谈网色变，网络这个现代文明成果也将失去生命力，甚至会对现实社会构成巨大的威胁和危害。目前，网上诈骗、网络谣言等现象屡禁不止，导致人们对网络诚信状况不满，这固然与信息网络的虚拟性等技术因素有一定关系，但更主要的原因在于一些人的网络诚信缺失。有了诚信，网络虽然虚拟，但不虚幻，网络空间的可信度、网络信息的公信力、网络功能的依存性就会大大增强。诚信可以缩短网络距离，可以消除屏幕隔阂，可以促进和保障信息网络健康发展。

网络诚信并不只是指说真话，不说假话，重要的是要营造公正、平等、自由、互助的网络环境和网络秩序，网上的一切行为只有按照这样的规则运行，才能发挥网络的最佳作用。诚信规则的建立不仅要通过日益严密的法律和监督机制来维护，也要通过网民的自觉意识来维护。青少年作为祖国的未来，更应该树立"信用至上"的观念，把诚实守信作为自己的座右铭，成为网络诚信的先行者，自觉维护网络秩序，坚决抵制各种网络失信行为。

 如何认识网络知识产权

据人民法院报报道，2015 年 4 月 22 日，田某因盗版"灵娱大闹天宫 OL"网络游戏并私设服务器获利，被上海市普陀区人民法院以侵犯著作权罪判处有期徒刑 9

个月，并处罚金 2 万元。据查，田某未经灵娱公司授权，先在非法网站上下载了该游戏的服务器端，后以每月 1200 元的价格租赁了一台服务器，再以"九尾狐"为名开设了游戏私服并提供充值服务。至案发时，田某共非法获利 6.8 万余元。

随着信息网络的发展，传统的知识产权问题迅速进入网络空间，使传统知识产权的内涵和外延不断拓展，催生出网络知识产权的新概念。有关专家学者认为，网络知识产权除了涵盖著作权、工业产权等传统知识产权范围，还包括计算机软件、数据库、互动媒体、多媒体、域名、数字化作品与电子版权等内容。从近几年各级人民法院处理的相关案件看，我们在生活中经常接触的网络新闻、刊物与资料数据库、图片、音乐、视频、动画、软件、游戏等网络产品，都受到知识产权的保护。

网络的开放性、无界性、数字虚拟化、信息传输的迅捷化对知识产权保护提出了严峻挑战，网络知识产权保护成为世界范围的难题。由于很多网民缺乏知识产权保护意识，尽管相关法规不断出台，相关案件陆续判决，但非法上传、下载、链接和盗用相关文章、论文、期刊、图书、图片、动画、影音等现象仍层出不穷。从普通百姓到知名人物，从小微企业到网络巨头，侵权官司不断发生，其后果是有的赔钱、道歉，有的判刑、坐牢，甚至有的公司因此破产倒闭。例如，美国网络公司 Napster 开发了一款软件，利用 P2P 技术向用户传播 MP3 音乐文件，被唱片公司起诉而最终倒闭。

网络知识产权是一种无形财产或精神财富，是一种创造性的智力劳动成果，我们必须依法加以尊重和保护。

❶ 自觉学习相关法律法规，增强网络知识产权保护意识。

❷ 克服"网络共产主义"思想，明确网络空间所有的数字化产品都是受法律保护的，在传播、使用过程中要遵守法律规定、相关网站要求，尊重知识产权拥有者的权利，努力成为保护知识产权的推动者。

延展
阅读

* **博客**

博客（Blogger）是一种通常由个人管理，不定期张贴新的文章的网站。博客上的文章通常根据张贴时间，以倒序方式，由新到旧排列。一个典型的博客结合了文字、图像、其他博客或网站的链接及其他与主题相关的媒体，能够让读者以互动的方式留下意见。博客是社会媒体网络的一部分，比较著名的有新浪博客、网易博客等。

* **网络游戏**

网络游戏（Online Game），又称为"在线游戏"，简称"网游"，指以互联网为传输媒介，以游戏运营商服务器和用户计算机为处理终端，以游戏客户端软件为信息交互窗口的可持续性的个体性多人在线游戏。其旨在实现娱乐、休闲、交流和取得虚拟成就。

* **网络舆论**

网络舆论是社会舆论的一种表现形式，是通过互联网传播的，公众对现实生活中某些热点、焦点问题所持的，有较强影响力、倾向性的言论和观点。网络舆论形成迅速，对社会影响巨大。随着因特网在全球范围内的飞速发展，网络媒体已被公认为是继报纸、广播、电视之后的"第四媒体"，成为社会舆论的主要载体之一。

* **网络谣言**

网络谣言指通过网络介质（如网络论坛、社交网站、聊天软件等）传播的没有事实依据，带有攻击性、目的性的话语，主要涉及突发事件、公共领域、名人要员，传播颠覆传统、离经叛道的内容。谣言传播具有突发性且流传速度极快，因此对正常的社会秩序易造成不良影响。2013 年 9 月 9 日，《最高人民法院、最高人民检察院关于办理利用信息网络实施诽谤等刑事案件适用法律若干问题的解释》发布，明确了网络谣言在什么情况下构成犯罪。该司法解释于 2013 年 9 月 10 日起施行。

● **网络恶搞**

网络恶搞指在网络或通过网络进行恶意的搞笑。在已有网络资源（如新闻图片、文艺作品）的基础上进行再创作，使原作的格调和气氛大变，包含各种搞笑犯贫元素，同时新作与原作的对比往往能增强搞笑程度。

● **网络猎奇**

网络猎奇指急切地或贪得无厌地通过网络搜求新奇和异样的事物，也指通过网络寻找、探索新奇事物来满足人们的好奇心理。在 ACGN（为 Animation、Comic、Game、Novel 的合并缩写）界，猎奇可指任何血腥、暴力而残酷的事物，或者指风格诡异、黑暗，甚至扭曲的作品，并可作为形容词使用。

● **网络暴力**

网络暴力是一种暴力形式，也是在网上发表具有伤害性、侮辱性和煽动性的言论、图片、视频的行为现象。网络暴力能对当事人造成名誉损害，且其已经打破道德底线，往往也伴随着侵权行为和违法犯罪行为，亟待人们运用教育、道德约束、法律等手段进行规范。

● **网络恐怖主义**

网络恐怖主义就是非政府组织或个人有预谋地利用网络，并以网络为攻击目标，以破坏目标所属国的政治稳定、经济安全，扰乱社会秩序，制造轰动效应为目的的恐怖活动，是恐怖主义向信息技术领域扩张的产物。随着全球信息网络化的发展，破坏力惊人的网络恐怖主义成为世界的新威胁。借助网络，恐怖分子不仅将信息技术当成武器用于破坏，而且还利用信息技术在网上招兵买马，通过网络来实现管理、指挥和联络。

❋ **网络社交**

网络社交指人与人之间的关系网络化。在网络上表现为以各种社会化网络软件构建的社交网络服务平台。网络时代人们通过网络间的混合纤维、同轴线缆、蜂窝系统及通信卫星的信息传播及时地进行交往，这种形式无须商品中介，由网络媒介直接连通起来；同时，这种交往形式具有一种精神的内在化特质，过去的"计算机—服务器"模式正在向"网络—用户"模式转换，网络社交实质上是一种连接不同网络终端的人脑思维的虚拟化、数字化交流和互动。

❋ **网络传销**

网络传销与传统传销就像是"双胞胎"。传统传销非法，受到工商部门的密切关注和严厉打击。网络传销使用了隐秘的不公开的手段，它的得利方式同样是缴纳会费（或说是享受产品），再拉人进入作为自己的下线，方式与传统传销没有本质的区别。2009年2月28日第十一届全国人民代表大会常务委员会第七次会议通过《中华人民共和国刑法修正案（七）》，在刑法第二百二十四条后增加一条，作为第二百二十四条之一："组织、领导以推销商品、提供服务等经营活动为名，要求参加者以缴纳费用或者购买商品、服务等方式获得加入资格，并按照一定顺序组成层级，直接或者间接以发展人员的数量作为计酬或者返利依据，引诱、胁迫参加者继续发展他人参加，骗取财物，扰乱经济社会秩序的传销活动的，处五年以下有期徒刑或者拘役，并处罚金；情节严重的，处五年以上有期徒刑，并处罚金。"

❁ **网络知识产权**

网络知识产权就是由数字网络发展引起的或与其相关的各种知识产权。著作权包括版权和邻接权；工业产权包括专利、发明、外观设计、商标、商号等；网络知识产权除了传统知识产权的内涵，还包括数据库、计算机软件、多媒体、网络域名、数字化作品和电子版权等。因此，网络环境下的知识产权的概念的外延已经扩大了很多。我们在网络上经常接触的电子邮件，在电子布告栏和新闻论坛上看到的信件，网上新闻资料库，资料传输站上的计算机软件、照片、图片、音乐、动画等，都作为作品受到著作权的保护。

❁ **人肉搜索**

人肉搜索是一种类比的称呼，主要用来区别传统搜索，指通过集中许多网民的力量去搜索信息和资源的一种方式，包括利用互联网的机器搜索引擎（如百度等）及利用各网民在日常生活中所能掌握的信息来收集更多信息。例如，要了解一个人，可以通过在论坛发帖的形式发起人肉搜索，也许正好有个网友认识这个人，那么他就可以利用在网上发帖的形式把该人的信息公布。人肉搜索的力量是强大的，在当前互联网越来越发达的情况下更是如此，假如网上有人对你发起人肉搜索，认识你的人就可能会将你的相关信息在网上公布。

当然，人肉搜索经常与个人隐私相关，也非常容易涉及法律和道德问题。所以，我们在互联网上不应该轻易地公布他人的隐私，一旦公布有可能对他人造成无法挽救的伤害，这是对他人隐私的不尊重，也会使自己陷入法律困境。

❁ **FTP**

FTP（File Transfer Protocol，文件传输协议）用于

Internet 上控制文件的双向传输。同时，它也是一个应用程序。基于不同的操作系统，有不同的 FTP 应用程序，而所有这些应用程序都遵守同一种协议传输文件。在 FTP 的使用中，用户经常遇到两个概念：下载（Download）和上传（Upload）。"下载"文件就是从远程主机复制文件至自己的计算机；"上传"文件就是将文件从自己的计算机复制至远程主机。用 Internet 语言来说，用户可通过客户机程序向（从）远程主机上传（下载）文件。

❋ P2P

P2P（Peer-to-Peer），即个人对个人，又称点对点。P2P 将人们联系起来，让人们通过互联网直接交互，使沟通变得容易、直接。在商品交易、网络金融等方面消除了中间商，为企业与个人提供方便。

❋ 社会主义核心价值观

社会主义核心价值观是社会主义核心价值体系的内核，体现社会主义核心价值体系的根本性质和基本特征，反映社会主义核心价值体系的丰富内涵和实践要求，是社会主义核心价值体系的高度凝练和集中表达。

党的十八大提出，倡导富强、民主、文明、和谐，倡导自由、平等、公正、法治，倡导爱国、敬业、诚信、友善，积极培育和践行社会主义核心价值观。富强、民主、文明、和谐是国家层面的价值目标，自由、平等、公正、法治是社会层面的价值取向，爱国、敬业、诚信、友善是公民个人层面的价值准则，这 24 个字是社会主义核心价值观的基本内容。

❋ 信息治理

信息治理即领导、指导、控制、提供保障的行为或过程，通过这些行为或过程，信息被当成贯穿于整个企业的资源得以有效管理，其中包括解决信息冲突问题方面的管理。

❋ **信息传播**

信息传播指人类个体、组织之间的信息传递和交流。网络信息传播的特点是速度快、范围广、信息准、消耗低和形态多。

❋ **信息过滤**

信息过滤是大规模内容处理的另一种典型应用。其对陆续到达的信息进行过滤操作，将符合用户需求的信息保留，将不符合用户需求的信息过滤掉。通常可分为不良信息过滤和个性化信息过滤，不良信息过滤一般指过滤掉暴力、反动、色情等信息；个性化信息过滤类似于信息检索，帮助用户返回感兴趣的内容。

法规篇

依法加强网络空间治理，是对社会负责、对人民负责。对通过网络实施的寻衅滋事、敲诈勒索、非法经营和故意诽谤等非法行为，必须坚决制止和打击，绝不能任其大行其道。《中华人民共和国国家安全法》和《中华人民共和国网络安全法》进一步凸显了国家在维护网络空间主权、安全和发展的坚强决心，以及规范网络信息传播秩序、惩治网络违法犯罪的坚定意志。

遵守网络应用安全法规

 6.1 如何判定网上行为为寻衅滋事

2014 年，"秦火火"案件引起人们的广泛关注。

"秦火火"使用微博账户捏造事实、篡改不实信息在网络上散布，引发大量网民对当事人的负面评价。法院经审理认定，其在信息网络上捏造事实，诽谤他人，情节严重，造成恶劣社会影响，以诽谤罪判处其有期徒刑 2 年，以寻衅滋事罪判处有期徒刑 1 年 6 个月，决定执行有期徒刑 3 年。

"秦火火"只是近年来众多网络寻衅滋事案例中的一个典型。

那么，为什么会有如此多的网络寻衅滋事现象出现呢？随着微博、微信等公共社交平台的广泛使用，人们可以及时了解到国内外发生的事情，而一些网民为了提高自己的关注量和知名度，置国法于不顾，故意捏造事实，编造、散布虚假信息，对公共秩序和社会舆论造成恶劣影响。这是国家法律和人民群众所不能容忍的。

网络上，什么行为会被认定为寻衅滋事呢？

利用信息网络辱骂、恐吓他人，破坏社会秩序，情节恶劣的，依照刑法第二百九十三条第一款第（二）项的规定，以寻衅滋事罪定罪处罚。

编造虚假信息，或者明知是编造的虚假信息，依然在信息网络上散布，或者组织、指使人员在信息网络上散布，起哄闹事，造成公共秩序严重混乱的，依照刑法第二百九十三条第一款第（四）项的规定，以寻衅滋事罪定罪处罚。

6.2 如何判定网上行为为敲诈勒索

2015 年 1 月 22 日至 23 日，被告人周某涉嫌敲诈勒索犯罪案在江苏省昆山市人民法院第五法庭开庭审理。

检察机关指控，2011 年 6 月至 2012 年 8 月，周某以网上曝光负面消息为要挟，先后向广西鉴山寺索得 4 万元，向浙江乌镇修真观索得 6.8 万元，向江苏昆山全福寺索要 8 万元未遂。2012 年 9 月至 2013 年 1 月，周某以为河北唐山一小区 216 户业主维权为由，在网上发布大量关于房地产开发公司的负面内容，并假借维权之名，通过中间人成功索要 80 万元。2013 年 8 月，周某被江苏省昆山市检察院依法批捕。

根据法条及规定，行为人利用信息网络实施敲诈勒索行为成立的敲诈勒索罪，主要表现为以下两种类型。

一是"发布型"敲诈勒索罪，即以在信息网络上将要发布负面信息为由，威胁、要挟他人，索取公私财物，数额较大或者多次实施该行为的。

二是"删除型"敲诈勒索罪，即先在信息网络上散布负面信息，再以帮助删除

该负面信息为由，威胁、要挟他人，索取公私财物，数额较大或多次实施该行为的。

所以，以在信息网络上发布、删除等方式处理网络信息为由，威胁、要挟他人，索取公私财物，数额较大或者多次实施上述行为的，依照刑法第二百七十四条的规定，以敲诈勒索罪定罪处罚。

我们在上网时，不仅要了解这种行为的危害性，同时在遇到这种行为时要及时上报有关单位，尽早制止犯罪行为的发生。如果我们遭到网络敲诈勒索，切记不要相信勒索人的话"花钱买个平安"，这种行为只会助长犯罪分子的嚣张气焰，我们应该及时举报，切实保障包括自己在内的每个网络用户的个人利益。

如何判定网上行为为非法经营

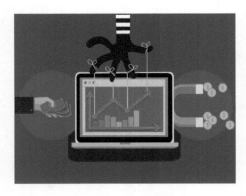

唐某于 2013 年 5 月自主研发了一款针对某网络游戏的外挂程序，后来在网上通过对外销售获取利益。2014 年 12 月在东北老家被现场抓获。公安机关对唐某居住的房间依法进行了搜查，对涉案财物进行了扣押，通过鉴定，涉案数额为 69 万余元。

检察机关对被告人批准逮捕，罪名为"非法经营罪"。由于本案属于有代表性的游戏外挂程序非法经营罪，法院庭审全程直播，对公民起到了宣传和警示作用。

非法经营罪指未经许可经营专营、专卖物品或其他限制买卖的物品；买卖进出口许可证、进出口原产地证明，以及其他法律、行政法规规定的经营许可证或者批准文件；未经国家有关主管部门批准，非法经营证券、期货或者保险业务的；以及从事其他非法经营活动，扰乱市场秩序，情节严重的行为。

非法经营罪在主观方面由故意构成，并且具有牟取非法利润的目的，这是非法经营罪在主观方面应具有的两个主要内容。如果行为人没有以牟取非法利润为目的，而是由于不懂法律、法规，买卖经营许可证的，不应当以本罪论处，应当由主管部门对其追究行政责任。

网络上，什么行为会被认定为非法经营呢？

违反国家规定，以营利为目的，通过信息网络有偿提供删除信息服务，或者明知是虚假信息，通过信息网络有偿提供发布信息等服务，扰乱市场秩序，属于非法经营行为且情节严重，依照刑法第二百二十五条第（四）项的规定，以非法经营罪定罪处罚。

但是，并非所有扰乱网络市场秩序的非法经营行为都可构成本罪，而必须是情节严重者始当构成。非法经营罪作为一种经济犯罪，其所谓的"情节严重"，首先应当考虑经济衡量标准，如经营数额特别巨大、销售金额巨大、获利数额较大、造成合法经营者的严重经济损失、给国家造成严重经济损失等。此外，诸如造成恶劣的社会影响或者人民生命、财产重大损失等严重后果者，亦可视为情节严重。

 6.4 如何判定网上行为为侵犯公民个人信息

2016 年 12 月，王某书通过百度网盘将约 5GB 的公民个人信息免费分享给王某鸿，王某鸿亦通过群发 QQ 信息的方式在网上出售公民个人信息，从中获利。2017 年 2 月至 2017 年 5 月，王某书通过 QQ 先后 5 次出售 16 万条和 5.15GB 容量硬盘的数据，非法牟利 16800 元。王某鸿通过 QQ 先后二次出售 14.7 万条数据，非法牟利 1300 元。2017 年 6 月 7 日，二人在海口市琼山区网吧内被抓获。

公民个人信息具有哪些特征呢？一是与公民个人直接相关，能够反映公民的局部或整体特点，或是一经取得、使用即具有专属性。前者如公民的出生日期、指纹等，后者如身份证号码、家庭住址等。二是具有法律保护价值，公民个人信息承载了公民的个体特征，甚至各项权利，如果任由他人泄露、获取，必然导致公民时刻处于可能遭受侵害的危险状态。三是公民个人信息的保护不以信息所有人请求为前提，除非基于维护国家利益、公共利益的需要或信息所有人的意愿，否则任何组织和个人均无权泄露、获取其个人信息。

网上侵犯公民个人信息罪认定要点包括：

❶ 侵犯的客体是公民个人身份信息的安全和公民身份管理秩序；

❷ 客观方面表现为行为人在网上以窃取、收买等方式大肆收集公民个人信息，违反国家规定且情节严重；

❸ 主观方面表现为故意。

窃取或者以其他方法非法获取公民个人信息，情节严重的，方可追究刑事责任。

6.5 如何判定网上行为为捏造事实诽谤他人

男青年李某在某论坛注册网名"飞翔"，并与女网友王某聊天相识。随后不久，王某发现"飞翔"在论坛里公开发表帖子，不仅称王某是"交际花"，而且夹杂着许多侮辱性语言，王某当即回帖要求"飞翔"不得侮辱他人。随后网络管理员也将"飞翔"的有关帖子删除。

但"飞翔"不但没有改正，反而变本加厉地将删除的帖子复制多份，发布到多个公开版块上。一些心态不正的网民对上述侮辱性的帖子大量跟帖附和，一时造成信息真假难辨，影响恶劣，不仅使王某在熟识的网友面前很难做人，而且受到亲友的误解。

王某愤而将李某告上法庭。法庭经调查取证，认定李某在网上实施了侵犯他人人格尊严的行为，损害了王某的名誉。依法责令李某在网上公开向王某赔礼道歉，并赔偿精神损失费 1000 元。

网络诽谤指借助网络等现代传播信息手段，捏造、散布虚假事实，损害他人名誉的行为。网络诽谤与传统诽谤相比，有其更为鲜明的特性，对网络诽谤的管制更容易产生公民言论自由与公民名誉权的价值冲突。在司法实践中，如何在打击网络诽谤的同时保障公民的言论自由，以平衡国家、社会、个人三者之间的关系是一个难题。

随着网络的普及，利用互联网发布公民隐私，甚至带有诽谤色彩言论的行为时有发生，利用论坛进行人身攻击的现象时有发生，或政治攻击，或无中生有，或秽语谩骂，无视法律。

网络上，何种行为会被认定为捏造事实诽谤他人呢？

❶ 捏造损害他人名誉的事实，在信息网络上散布，或者组织、指使相关人员在信息网络上散布的行为。

❷ 将信息网络上涉及他人的原始信息内容篡改为损害他人名誉的事实，在信息网络上散布，或者组织、指使相关人员在信息网络上散布的行为。

❸ 明知是捏造的损害他人名誉的事实，仍在信息网络上散布，情节恶劣的，以"捏造事实诽谤他人"论。

6.6 如何理解《中华人民共和国国家安全法》

2015年7月1日，第十二届全国人民代表大会常务委员会第十五次会议审议通过了《中华人民共和国国家安全法》（以下简称"《国家安全法》"），该法自公布之日起正式生效。

《国家安全法》为了维护国家安全、保卫人民民主专政的政权和中国特色社会主义制度、保护人民的根本利益、保障改革开放和社会主义现代化建设的顺利进行、实现中华民族伟大复兴，以法律的形式确立总体国家安全观，明确了维护国家安全的各项任务，建立了维护国家安全的各项制度，对当前和今后维护国家安全的主要任务和措施保障做出了综合性、全局性、基础性的安排，为构建和完善国家安全法律制度体系提供了完整的框架，为走出一条中国特色国家安全道路提供了坚实有力的法律和制度支撑。

《国家安全法》共7章84条，主要内容包括：第1章为总则，规定了国家安全的定义，国家安全工作的指导思想、基本原则、全民义务、法律责任、全民国家安全教育日等；第2章为维护国家安全的任务，规定了各领域维护国家安全的任务；第3章为维护国家安全的职责，规定了各部门、各地方维护国家安全的职责；第4章为国家安全制度，规定了十项国家安全制度和机制；第5章为国家安全保障，规定了法治、经费、物资、人才等一系列国家安全保障措施；第6章为公民、组织的义务和权利，规定了公民和组织维护国家安全应当履行的义务和依法享有的权利；第7章为附则，规定了《国家安全法》的施行日期。

《国家安全法》涉及政治安全、国土安全、军事安全、经济安全、文化安全、社会安全、科技安全、信息安全、生态安全、资源安全、核安全11个领域。

第二十五条规定：国家建设网络与信息安全保障体系，提升网络与信息安全保护能力，加强网络和信息技术的创新研究和开发应用，实现网络和信息核心技术、关键基础设施和重要领域信息系统及数据的安全可控；加强网络管理，防范、制止和依法惩治网络攻击、网络入侵、网络窃密、散布违法有害信息等网络违法犯罪行为，维护国家网络空间主权、安全和发展利益。

第五十九条规定：国家建立国家安全审查和监管的制度和机制，对影响或者可能影响国家安全的外商投资、特定物项和关键技术、网络信息技术产品和服务、涉及国家安全事项的建设项目，以及其他重大事项和活动，进行国家安全审查，有效预防和化解国家安全风险。

不难看出，网络和信息安全在《国家安全法》中占有重要位置。网络和信息安全体系构建、技术研发和建设应用将会进一步得到加强；惩治网络攻击、网络入侵、网络窃密、散布违法有害信息等网络违法犯罪行为将会进一步得到加强。同时，《国家安全法》也进一步凸显了国家在维护网络空间主权、安全和发展的决心。

6.7 如何理解《中华人民共和国网络安全法》

一直以来，全社会十分关注网络安全，强烈要求依法加强网络空间治理，规范网络信息传播秩序，惩治网络违法犯罪，使网络空间清朗起来。为适应国家网络安全工作的新形势、新任务，落实党中央的要求，回应人民群众的期待，2015 年 6 月，第十二届全国人民代表大会常务委员会第十五次会议初次审议了《中华人民共和国网络安全法（草案）》，并向社会公开征求意见。2016 年 11 月，第十二届全国人民代表大会常务委员会第二十四次会议通过了《中华人民共和国网络安全法》

（以下简称"《网络安全法》"）。该法于 2017 年 6 月 1 日起施行。

作为"基本法"，《网络安全法》解决了以下几个问题：一是明确了部门、企业、社会组织和个人的权利、义务和责任；二是规定了国家网络安全工作的基本原则、主要任务和重大指导思想、理念；三是将成熟的政策规定和措施上升为法律，为政府部门的工作提供了法律依据，体现了依法行政、依法治国要求；四是建立了国家网络安全的一系列基本制度，这些基本制度具有全局性、基础性特点，是推动工作、防范重大风险所需。

《网络安全法》对规范个人信息收集、斩断信息买卖利益链、补救个人信息泄露、溯源追责网络诈骗等涉及网民关切的问题进行了明确。

❶ 不得出售个人信息。《网络安全法》规定：网络产品、服务具有收集用户信息功能的，其提供者应当向用户明示并取得同意；网络运营者不得泄露、篡改、毁损其收集的个人信息；任何个人和组织不得窃取或者以其他非法方式获取个人信息，不得非法出售或者非法向他人提供个人信息，并规定了相应法律责任。

❷ 严厉打击网络诈骗。除了严防个人信息泄露，《网络安全法》针对层出不穷的新型网络诈骗犯罪还规定：任何个人和组织应当对其使用网络的行为负责，不得设立用于实施诈骗，传授犯罪方法，制作或者销售违禁物品、管制物品等违法犯罪活动的网站、通讯群组，不得利用网络发布与实施诈骗，制作或者销售违禁物品、管制物品以及其他违法犯罪活动的信息。

❸ 以法律形式明确"网络实名制"。《网络安全法》以法律的形式对"网络实名制"进行规定：网络运营者为用户办理网络接入、域名注册服务，办理固定电话、移动电话等入网手续，或者为用户提供信息发布、即时通讯等服务，在与用户签订协议或者确认提供服务时，应当要求用户提供真实身份信息。用户不提供真实身份信息的，网络运营者不得为其提供相关服务。

❹ 重点保护关键信息基础设施。《网络安全法》专门单列一节，对关键信息基础设施的运行安全进行明确规定：国家对公共通信和信息服务、能源、交通、水利、金融、公共服务、电子政务等重要行业和领域的关键信息基础设施实行重点保护。

❺ 惩治攻击破坏我国关键信息基础设施的境外组织和个人。《网络安全法》规定：

境外的机构、组织、个人从事攻击、侵入、干扰、破坏等危害中华人民共和国的关键信息基础设施的活动,造成严重后果的,依法追究法律责任;国务院公安部门和有关部门并可以决定对该机构、组织、个人采取冻结财产或者其他必要的制裁措施。

⑥ 重大突发事件可采取"网络通信管制"。《网络安全法》中,对建立网络安全监测预警与应急处置制度进行规定,明确了当发生网络安全事件时,有关部门需要采取的措施。特别规定:因维护国家安全和社会公共秩序,处置重大突发社会安全事件的需要,经国务院决定或者批准,可以在特定区域对网络通信采取限制等临时措施。

6.8 如何举报和处理互联网违法和不良信息

当发现网络中存在违法和不良信息时,我们应该进行举报。根据中国互联网违法和不良信息举报中心公告,所有公民均可举报我国境内互联网上的违法和不良信息,举报中心会严格保护举报人的权益,不泄露举报人的任何个人信息。

1. 举报受理范围

举报中心受理的网上违法和不良信息主要包括:

① 危害国家安全、荣誉和利益的内容;

② 煽动颠覆国家政权、推翻社会主义制度的内容;

③ 煽动分裂国家、破坏国家统一的内容;

④ 宣扬恐怖主义、极端主义的内容;

⑤ 宣扬民族仇恨、民族歧视的内容;

⑥ 传播暴力、淫秽色情的内容;

⑦ 编造、传播虚假信息扰乱经济秩序和社会秩序的内容;

⑧ 侵害他人名誉、隐私和其他合法权益的内容;

⑨ 互联网相关法律法规禁止的其他内容。

2. 举报方式

举报的主要方式包括:

① 登录举报中心官网 http://www.12377.cn 举报；

② 拨打 12377 举报热线举报；

③ 下载安装"网络举报"客户端举报；

④ 关注举报中心官方微博"国家网信办举报中心"，选择"私信举报"；

⑤ 关注举报中心官方微信公众账号"国家网信办举报中心"，选择"一键举报"；

⑥ 发送邮件至邮箱 jubao@12377.cn 举报。

3. 举报材料及要件

举报网上违法和不良信息时，举报主体应提供与网络举报事项相应的信息网址或者足以准确定位举报信息的相关说明、样本截图等举报基本材料，以及举报信、相关部门来函、相关证明证据等举报要件。

4. 举报真实性

举报主体应当对举报事项的客观性、真实性负责。

5. 举报协助处置

举报主体在网上成功提交举报信息后，将收到一个查询码，通过查询码，可以确认举报的信息已收到。举报中心受理的举报，将依据相关规定转交各地网信部门、相关网站或相关部门依法依规研处。

延展
阅读

● **游戏外挂**

　　外挂指利用计算机技术针对一个或多个软件，通过改变软件的部分程序制作而成的作弊程序。游戏外挂就是将外挂程序嫁接到游戏程序中，通过截取并修改游戏发送到游戏服务器的数据而实现各种功能的增强。Internet 客户 / 服务器模式的通信一般采用 TCP/IP 协议，数据交换是通过 IP 数据包的传输来实现的，一般来说客户端向服务器发出某些请求，如移动、战斗等指令都是通过封包的形式和服务器交换数据的。那么我们把本地发出消息称为 SEND，意思就是发送数据，服务器收到我们 SEND 的消息后，会按照既定的程序把有关的信息反馈给客户端，如移动的坐标、战斗的类型。客户端收到服务器发来的有关消息称为 RECV。接下来要做的工作就是分析客户端和服务器之间往来的数据（也就是封包），这样就可以提取到对我们有用的数据进行修改，然后模拟服务器发给客户端，或者模拟客户端发送给服务器，实现修改游戏的目的。

● **论坛**

　　论坛（Forum），可简单理解为发帖回帖的讨论平台，是 Internet 上的一种电子信息服务系统。它提供了一块公共电子白板，每个用户都可以在上面书写，可发布信息或提出看法。论坛一般由站长（创始人）创建，并设立各级管理人员对论坛进行管理，包括论坛管理员（Administrator）、超级版主（Super Moderator，有的称"总版主"）、版主（Moderator）。超级版主是低于站长的第二权限（站长本身也是超级版主管理员），一般来说超级版主可以管理所有的论坛版块（普通版主只能管理特定的版块）。

● **帖子**

　　帖子指网民在论坛及讨论区的留言、发表的文章或意见。因为较长的文章一般都不会直接在论坛上编辑，而是先在写字板上写好，再粘贴到论坛上，故称为"帖子"，其是一种网络语言。

● **网络诽谤**

网络诽谤指借助网络等现代传播信息手段，捏造、散布虚假事实，损害他人名誉的行为。2013年9月9日，《最高人民法院、最高人民检察院关于办理利用信息网络实施诽谤等刑事案件适用法律若干问题的解释》公布。该司法解释通过厘清信息网络发表言论的法律边界，为惩治利用网络实施诽谤等犯罪提供明确的法律标尺。该司法解释于2013年9月10日起实施。

利用信息网络诽谤他人，具有下列情形之一的，应当认定为刑法第二百四十六条第一款规定的"情节严重"：

❶ 同一诽谤信息实际被点击、浏览次数达到5000次以上，或者被转发次数达到500次以上的；

❷ 造成被害人或者其近亲属精神失常、自残、自杀等严重后果的；

❸ 两年内曾因诽谤受过行政处罚，又诽谤他人的；

❹ 其他情节严重的情形。

此外，一年内多次实施利用信息网络诽谤他人行为未经处理，诽谤信息实际被点击、浏览、转发次数累计计算构成犯罪的，应当依法定罪处罚。

● **网络攻击**

网络攻击指利用网络存在的漏洞和安全缺陷对网络系统的硬件、软件及其系统中的数据进行的攻击。分为主动攻击和被动攻击，主动攻击会导致某些数据流的篡改和虚假数据流的产生，分为篡改、伪造消息数据和终端（拒绝服务）；被动攻击中攻击者不对数据信息做任何修改。

截取 / 窃听指在未经用户同意和认可的情况下攻击者获得了信息或相关数据，通常包括窃听、流量分析、破解弱加密的数据流等攻击方式。

❋ **网络入侵**

入侵指在非授权的情况下，试图存取信息、处理信息或破坏系统，以使系统不可靠、不可用的故意行为。网络入侵（Hacking）通常指攻击者具有熟练地编写和调试计算机程序的技能，并使用这些技能来获得非法或未授权的网络、文件访问，入侵进入内部网络的行为。

❋ **网络窃密**

网络窃密指组织或个人利用专门编写的程序软件，通过局域网或国际互联网络，对他人或组织的计算机网络系统进行非法登录或越权访问，窃取网络存储系统或数据库中的保密信息。

❋ **网络信息安全**

网络信息安全涉及计算机科学、网络技术、通信技术、密码技术、信息安全技术、应用数学、数论、信息论等多领域的内容。其主要指网络系统的硬件、软件及其系统中的数据受到保护，不因偶然的或者恶意的原因而遭到破坏、更改、泄露，系统连续可靠正常地运行，网络服务不中断。

❋ **信息基础设施**

信息基础设施主要指光缆、微波、卫星、移动通信等网络设备设施，既是国家和军队信息化建设的基础支撑，也是保证社会生产和人民生活的基本设施的重要组成部分。信息基础设施的建设特点是投资量大、建设周期长、通用性强，并具有一定的公益性，也具有军民共用的性质。

发展篇

　　信息技术是推动网络应用不断丰富的重要因素，也是解决网络安全问题的重要支撑。因此，我们要下定决心、保持恒心、找准重心，加速推动信息领域核心技术突破。可信计算、拟态安全、全同态加密、量子密码、云安全、态势感知、区块链等前沿技术对解决当前主要的网络安全问题意义重大，也为我们安全上网、安全用网带来美好憧憬。

CHAPTER

07 展望安全技术应用前景

7.1 可信计算让网络应用环境可信赖

当前，病毒、木马等恶意软件层出不穷，网络攻击手法不断升级；计算机、手机，以及其他智能移动终端的软、硬件结构固化，系统漏洞经常出现；以防火墙、入侵检测和病毒防护等"老三样"为代表的防护手段，对新攻击和新病毒力不从心。产生这些安全问题的主要原因可以归结为：针对终端自身的安全防护弱、程序代码执行前不经过认证、程序代码可被随意修改、系统区域的数据也可被任意修改、外部攻击可以隐蔽地利用系统漏洞实施等。

因此，我们必须从底层（包括硬件和软件）对计算机、网络设备等进行结构改造，才能构建一个相对安全、可以依赖的网络环境。为解决这类问题，1983 年美国国防部在《可信计算机系统评价准则》中第一次提出了可信计算基（Trusted Computing Base，TCB）的概念，并于 2003 年成立可信计算组织（Trusted Computing Group，TCG），明确了可信计算技术的发展思路，制定了相关工业实现规范。我国在可信计算研究方面起步较早，以沈昌祥院士为代表的科研团队在密码机制、体系架构等方面取得了一系列创新成果，有力推动了可信应用的发展。

那么，什么是可信呢？如果一个实体的行为总是以所期望的方式达到预期的目标，那么该实体就是可信的。一个可信的组件、操作或过程的行为在任意操作条件下是可预测的，并能很好地抵抗应用程序软件、病毒及一定的物理干扰造成的破坏。什么是计算呢？指与计算机有关的技术性活动，包括为达到某种目的建造硬件和软件系统等。可信计算（Trusted Computing）就是在经过认证的且未被攻破的设备上所进行的可被依赖方（通常是远程的）所信任的计算。

　　可信计算如何做到计算平台可信、网络环境可信呢？从一个初始的"信任根"出发，在平台计算环境转换时，信任通过"传递"的方式保持下去，不被破坏。具体来讲，在计算平台上引入"信任根"，信任根以硬件芯片的形式存在，其可信性由物理安全和管理安全确保；利用可信根来建立"信任链"，针对 PC 而言，通过度量的方式将信任逐级传递下去，直到整个计算环境的建立。平台上的计算环境始终可信，而计算环境的可信事实上就代表了实体的运行可信。

　　可信计算的安全机制包括，对用户及硬件设备进行身份确认；使用加密进行存储保护；使用完整性度量进行完整性保护等。

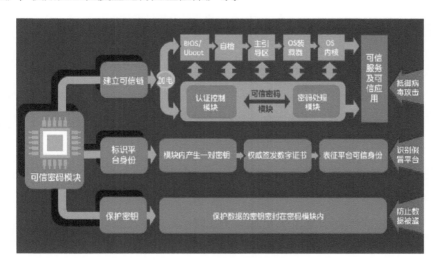

　　可信计算平台为网络用户提供了一个相对安全的运行环境，突破了被动防御"打补丁"的方式，随着技术的发展，将会有更加宽广的应用环境，其主要有以下特点。

　　❶ 保护系统不受病毒侵害。在程序安装和运行前，首先进行程序的完整性校验，保证应用程序可信。如果程序被植入"恶意软件"，完整性检验就不会通过，这样就可以防止程序被植入"恶意软件"，有效阻止病毒侵入。例如，我们从一个网站下载软件后，如果该软件被恶意植入了木马，那么，操作系统在安装软件前，先进行校验，检验不通过则不予安装。

　　❷ 保护实体身份不被假冒。可信计算为网络中的用户、硬件、软件等实体赋予

唯一的身份标识，建立起从实体身份到属性的映射关系，形成全网统一的高可信的实体身份标识和属性标识管理机制，确保网络中各类实体的身份不可假冒。例如，在使用网银时，当用户接入银行服务器时，只有提供正确的身份标识，银行服务器才能提供服务，否则不提供服务。

 ## 7.2　拟态安全使网络防御"动态可变"

木马、病毒等恶意软件屡屡得手，高级可持续性威胁（Advanced Persistent Threat，APT）事件频发，原因多是由于软件、硬件在设计和使用时存在安全缺陷，而人类目前的工程科技能力仍无法彻底避免。理论上说，人为设计的软件、硬件、网络、平台、系统、工具、环境、协议、器件、构件等都可能存在缺陷或错误，所以说网络空间有漏洞是常态。而不容忽视的事实是，有缺陷就可能被攻击者发现，有漏洞就可能被攻击者利用。

同时，网络攻击和防御是不对称的，这种特性可以说是"易攻难守"。从防御者的角度看，软件和硬件必须得到完备的设计、全要素保护，确保链条安全，才能防止一个漏洞或后门被利用；从攻击者的角度看，只需在整个安全链上找到或留有一个漏洞或后门，就能破坏或掌控整个系统。

"兵者，诡道也"就是说"用兵之道，在于千变万化，出其不意"。能否把"变"的思想应用在网络防御上十分关键。中国工程院邬江兴院士带领团队成员潜心研究，提出了拟态安全的概念，其思想来源于拟态章鱼。了解拟态安全，可先从拟态计算入手。

拟态计算（Mimic Computing，MC）指基于多维重构函数化结构与动态多变体运行机制的拟态计算体系。拟态计算有随机性、动态性和不确定性，因此，可以阻断攻击链的完整性。基于拟态计算的信息系统具备内在的主动防御能力，称为拟态安全防御（Mimic Security Defense，MSD）。拟态安全防御技术改变了传统的被动防御技术思路，或将成为网络空间安全的颠覆性技术。

为什么拟态安全防御具备主动防御能力呢？拟态安全防御能够在主动和被动触发条件下动态地、伪随机地选择执行各种硬件变化及相应的软件变化，使得内外部攻击者观察到的硬件执行环境和软件工作状况是不确定的，很难发现漏洞或后门，以此来提高系统的不确定性，降低系统的安全风险，进而具备主动防御能力。

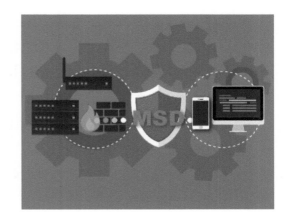

相比于传统信息系统的静态性、相似性和确定性，拟态计算系统具有非持续性、非相似性和非确定性的基本属性，为网络攻击增加了不确定性。拟态计算思想和拟态安全防御具有非常广阔的应用前景，路由器、交换机、网关、防火墙等网络平台，个人计算机、智能终端等应用平台，基础软件、支撑软件、工具软件等软件平台都可以进行拟态安全构造，增强其安全的主动防御能力。

7.3 全同态加密让秘密数据应用变得简单

为了不让他人看到自己的秘密或隐私数据，我们可以通过加密手段将数据变成密文。以密文形式存在的这些数据就好比把这些数据放在了一个"安全盒子"里，他人或者自己要想使用这些数据，需要使用解密密钥将"安全盒子"打开。那么，我们能否不打开盒子，就完成这些数据的使用呢？

云存储是当下流行的应用，虽然绝大部分运营商都承诺数据经过加密存储，但是数据在传输、分析和处理时目前还不能做到密文处理，这给我们的数据安全造成了隐患。试想一下，如果用户数据以密文形式存储在服务器端，且对数据的任何处理都是在密文情况下进行的，用户在使用时会更加放心。

全同态加密（Fully Homomorphic Encryption）就是解决这个问题的手段之一。早在1978年，全同态加密的思想被提出，多项研究成果也相继出现，但方案的构造问题一直难以解决。直到2009年，IBM公司的克雷格·金特里（Craig Gentry）构造出第一个基于"理想格"的全同态加密方案，从数学方向提出了全同态加密的可行方法。

简单来说，全同态加密就是能够在不解密的条件下对加密数据进行任何可以在明文上进行的计算，即对于允许任意复杂的明文操作，都能够构造出相应的加密操作。也就是说，对全同态加密方案产生密文的任意计算，计算结果解密后与对明文进行相应计算的结果相同。

全同态加密技术具有可以直接操作密文的良好性质，在很多领域都有着非常广阔的应用前景，以下为全同态加密技术在安全云计算、密文检索、安全多方计算领域的应用。

安全云计算

密文检索

安全多方计算

❶ 安全云计算。全同态密码是解决云计算环境下安全外包计算的理想工具。利用全同态加密技术，用户可以将需要处理的数据以密文形式提交给云端服务器，服务器无须解密数据即可直接进行处理，并将处理结果以密文形式返回给用户，用户收到处理结果后进行全同态解密，即可得到处理好的明文数据。

❷ 密文检索。随着物联网的发展和大数据时代的到来，越来越多的加密数据存储在云端，对加密数据进行检索已成为现实应用中的迫切需求。对于密文检索，检索结果的排序是衡量检索算法性能的重要指标之一，排序的准确性也是检索系统性能的客观要求。应用全同态加密技术进行密文检索，可不依赖任何明文信息，就能够保证检索算法在兼顾查准、查全的同时进行精确排序。

❸ 安全多方计算。安全多方计算最早由图灵奖获得者姚期智教授在1982年提

出，其实质是要解决一组互不信任的参与方之间保护隐私的协同计算问题。其核心问题是：在多个参与方协同完成一个计算任务的过程中，要确保每个参与方输入的独立性和计算的准确性，同时又不能将各参与方的私有输入泄露给参与计算的其他成员。虽然目前基于现有密码技术已有较多的安全多方计算协议，但普遍设计复杂、运行效率较低，而使用全同态加密技术能够构造更安全、效率更高的协议。

7.4 量子密码使"完全保密"成为可能

传统的密码在保护信息方面发挥了重要作用，但是，随着超级计算机的快速发展，计算速度得到空前提高，传统密码的保密性能面临巨大挑战。而量子密码技术为解决这一问题提供了可行途径。

什么是量子密码呢？量子密码是利用量子物理学方法解决密码问题，实现密码操作的一种新型密码体制，其本质是用于实现异地用户隐私钥匙共享的量子密钥分配技术。量子密码利用量子力学的基本原理保证密钥分配的无条件安全性，即使窃听者拥有无穷的计算和存储能力，其仍然不能破解并得到内容。

量子密钥分配的安全模式不再依赖于数学难题，而是利用微观粒子固有的量子物

理特性保护信息，理论上具有完全保密的安全强度。首先，它以单光子（量子）携带信息，基本粒子不可再分，从而不怕敌人分取信息；其次，未知量子具有不可克隆的属性，保证敌人不可能复制信息；再次，非对易物理量还具有测不准的性质，一旦有敌人监听和入侵，合法用户就能发现量子的状态发生变化，从而具有入侵检测功能。

面对未来具有超级计算能力的量子计算机，现行基于数学困难问题的加密系统、数字签章及密码协议都将不再安全，而量子密码在即使不法分子拥有量子计算机时仍然是安全的，可以在未来信息保护技术领域发挥重要作用，从根本上解决金融、政务、能源、商业等领域的信息传输安全防护问题，以下为主要应用。

1. 我国建成全球首条量子保密通信干线"京沪干线"

2016年8月16日，我国成功发射了世界首颗量子科学实验卫星"墨子号"，这是我国在世界上首次实现卫星和地面之间的量子通信，标志着天地一体化量子保密通信与科学实验体系的正式建立。

2017年9月29日，世界首条量子保密通信干线"京沪干线"正式开通，实现了连接北京、上海，贯穿济南和合肥，全长2000多千米的量子通信骨干网络。单个量子在无中继站的情况下极限传输的距离大约为100千米，而"京沪干线"每两个站点的平均距离是62.5千米。"京沪干线"已实现北京、上海、济南、合肥、乌鲁木齐南山地面站和奥地利科学院共6个点间的洲际量子通信视频会议，未来将推动量子通信在金融、政务、国防、电子信息等领域的大规模应用。

2. 量子安全认证，防止智能卡被克隆

采用量子认证技术可以保护信用卡、护照、身份认证卡等智能卡不被克隆。借助量子技术，每张卡都持有独特的认证防护，任何试图窃取其中数据的行为，认证都不会通过。

7.5 **云安全为云服务保驾护航**

如今，云计算应用日益广泛，不仅有亚马逊、谷歌、阿里巴巴等互联网企业致力开发、推出云计算服务，努力在云计算商业模式和服务方式方面不断创新，许多政府部门、大中小型企业，以及公众用户也在有意或无意地使用云计算服务。然而，云服务也给用户信息资产的安全性与隐私性带来了巨大的冲击与挑战。同时，一些云计算服务商发生的各种安全事故更是加深了人们对云应用安全性的忧虑。云计算、云应用、云服务迫切呼唤云安全，其安全性需要一系列的安全机制进行支撑。

云安全是我国企业创造的概念，在国际云计算领域独树一帜。"云安全（Cloud Security）"计划是网络时代信息安全的最新体现，它融合了并行处理、网格计算、未知病毒行为判断等新兴技术和概念，通过网状的大量客户端对网络中软件行为进行异常监测，获取互联网中木马、恶意程序的最新信息，传送到服务器端进行自动分析和处理，再把对病毒和木马的解决方案分发到每个客户端。

云安全不仅体现在技术运用上，还体现在防御理念上。云计算技术新的特点对传统的以被动防御、静态防御、孤立防御为主体思想的传统信息安全技术提出了挑战。多点联动、纵深防御成为云计算安全防御体系的必然趋势。云服务提供商也从以自我安全保障为核心的体系转变为以用户体验为核心，逐步建立云安全生态圈。

目前，电子政务云、电子商务云、教育云、金融云、电力云、桌面云等领域的云服务建设和发展迅速，为相关行业的发展带来新的动力。其具有灵活性、可靠性、可扩展性、部署周期短、成本低等特点。但是，提供"云服务"就要确保"云安全"，这就需要"云服务"提供商和广大用户的共同努力。

7.6　身份认证树牢网络安全的第一道防线

计算机系统和计算机网络是一个虚拟的数字世界，在这个数字世界中，一切信息，包括用户的身份信息都是用一组特定的数据来表示的，计算机只能识别用户的数字身份。而我们生活的现实世界是一个真实的物理世界，每个人都拥有独一无二的物理身份。那么，如何在物理身份和数字身份之间建立联系，并确保这个数字身份的使用者就是这个数字身份的合法拥有者呢？从而防止攻击者假冒合法用户，非法访问或者使用网络资源。身份认证技术就是为了解决这个问题而产生的。

用户名/密码是最简单也是最常用的身份认证方法，是基于"what you know"的验证手段。每个用户的密码是由用户自己设定的，只有用户自己才知道。只要能够正确输入密码，计算机就认为操作者就是合法用户。由于密码数据在验证过程中需要在计算机内存中和网络中传输，而每次验证使用的验证信息都是相同的，很容易被驻留在计算机内存中的木马程序或网络中的监听设备截获。因此，用户名/密码方式是一种低安全等级的身份认证方式。

智能卡是一种内置集成电路的芯片，芯片中存有与用户身份相关的数据，智能卡由专门的厂商通过专门的设备生产，是不可复制的硬件。智能卡由合法用户随身携带，登录时必须将智能卡插入专用的读卡器读取其中的信息，以验证用户的身份。智能卡认证是基于"what you have"的手段，通过智能卡硬件不可复制来保证用户身份不会被仿冒。

基于U盾的身份认证方式是近几年发展起来的一种方便、安全的身份认证技术。U盾是一种USB接口的硬件设备，它内置单片机或智能卡芯片，可以存储用户的密钥或数字证书，利用U盾内置的密码算法实现对用户身份的认证。

所谓"没有不透风的墙"，我们所知道的信息也有可能被泄露或者还有其他人知道。仅凭借一个人拥有的物品判断也是不可靠的，这个物品有可能丢失，也有可能被人盗取，从而伪造个人身份。人的身体特征是独一无二、不可伪造的。生物识别技术主要指通过可测量的身体或行为等生物特征进行身份认证。基于生物特征的认证方式是以人体唯一的、可靠的、稳定的生物特征（如指纹、虹膜、脸部、掌纹等）为依据，采用计算机的强大功能和网络技术进行图像处理和模式识别。该技术具有很好的安全性、可靠性和有效性。

如今计算机技术迅速发展，相信在不久的将来计算机身份认证技术将会更加完善。未来会出现更加安全、更高性能的身份认证技术，从而充分保障用户的信息安全。

区块链技术保护数字资产安全

2017 年，区块链技术（Blockchain Technology）的火爆程度超乎所有人的想象，相关政策纷纷落地，被称为是"区块链元年"。与此同时，区块链技术如何在现实生活中落地生根并走向实际应用成为一个重要课题。在这个过程中，"数字资产"被认为是最适合区块链应用"生长"的领域之一。

数字资产不仅包括网络上的一些虚拟资产，如 Q 币、游戏道具，同时也包括通过各种手段数字化的现实资产，如常见的商品售卖网站，卖家将自己的商品信息放在网络上，这些代表了商品属性的数据，对应的就是卖家的实际商品，买家可通过网购"数据"获得对应商品。

随着互联网和物流行业的快速发展，资产数字化的趋势越来越明显，很多资产都搬到网络上进行流通。互联网能够快速、几乎无成本地传递信息，加速了资产的流通效率，降低了资产的流通成本。以前人们购买衣服，需要去实体商店，但现在可随时随地通过网络完成。这中间，可以节约大量的成本，提高利润。

但在网络世界里，这些有着巨大价值的资产的表现形式就是一段段的数据，数据的造假成本低于实物造假，不法分子可以复制、粘贴，并借由网络信息的不同步，将一份资产"双花"出去，即将数据资产同时交付给两个不同的人。

区块链技术也被称为分布式账本技术，是一种互联网数据库技术，其特点是去中心化、公开透明，让每个人均可参与数据库记录。区块链技术的特点可以概括为16 个字：隐私加密、安全共享、共识算法、智能合约。简单而言，可以被理解成 3个特性：公开性、安全性和唯一性。区块链通过加密算法和点对点的通信技术实现数字资产的流通，并通过共识机制实现数字资产在空间上的唯一性和时间上的唯一性，区块链上存储的信息是不可更改的。

随着区块链技术的日趋成熟，未来将应用于更多领域，如存在性证明、智能合约、物联网、身份验证、预测市场、资产交易、电子商务、社交通信、文件存储等。

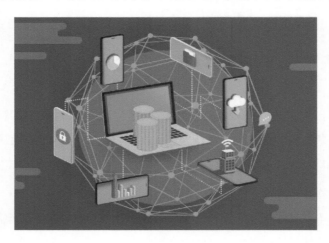

 7.8 态势感知使决策响应更及时

态势感知（Situation Awareness，SA）的概念最早是在军事领域提出的，覆盖感知、理解和预测三个层次。随着网络的兴起，态势感知升级为网络态势感知（Cyberspace Situation Awareness，CSA），指在大规模网络环境中对能够引起网络态势发生变化的要素进行获取、理解、显示，以及对最近的发展趋势进行顺延性预测，进而完成决策与行动。

随着网络安全重要性的凸显，态势感知开始在网络安全领域得到应用。其以安全数据为基础，从全局视角提升对安全威胁的发现识别、理解分析、响应处置能力。2009 年，美国白宫在公布的网络空间安全战略文件中明确提出要构建网络安全态势感知能力，并梳理出具备态势感知能力和职责的国家级网络安全中心或机构，包含了国家网络安全中心、情报部门、司法与反间谍部门、US-CERT、网络作战部门的网络安全中心等，覆盖了国家安全、情报、司法、公私合作等各个领域。

2016 年 4 月 19 日，习近平总书记在网络安全和信息化工作座谈会中指出：安全是发展的前提，发展是安全的保障，安全和发展要同步推进。要树立正确的网络安全观，加快构建关键信息基础设施安全保障体系，全天候全方位感知网络安全态势，增强网络安全防御能力和威慑能力。随着《网络安全法》和《国家网络空间安全战略》的相继出台，态势感知被提升到了战略高度，众多行业、大型企业都开始倡导、建设和积极应用态势感知系统，以应对网络空间安全的严峻挑战。

面对传统安全防御体系失效的风险，网络安全态势感知能够全面感知网络安全威胁态势、洞悉网络及应用运行的健康状态、通过全流量分析技术实现完整的网络攻击溯源取证，帮助安全人员采取针对性响应处置措施。

态势感知系统具备网络空间安全持续监控能力，能够及时发现各种攻击威胁与异常；具备威胁调查分析及可视化能力，可以对威胁相关的影响范围、攻击路径、目的、手段进行快速判别，从而支撑有效的安全决策和响应；能够建立安全预警机制，提高风险控制、应急响应和整体安全防护水平。

如今，态势感知已经成为网络空间安全领域聚焦的热点，是网络安全技术、产品、方案不断创新、发展、演进的体现，更代表了当前网络安全攻防对抗的新趋势。

延展
阅读

● **入侵检测**

入侵检测（Intrusion Detection），顾名思义就是对入侵行为的发觉。通过对计算机网络或计算机系统中若干关键点收集信息并对其进行分析，从而发现网络或系统中是否有违反安全策略的行为和被攻击的迹象。入侵检测是防火墙的合理补充，它可以帮助系统对付网络攻击，扩展了系统管理员的安全管理能力（包括安全审计、监视、进攻识别和响应），提高了安全基础结构的完整性。

● **主动防御**

主动防御是与被动防御相对应的概念，就是在入侵行为对信息系统发生影响之前，能够及时、精准预警，实时构建弹性防御体系，避免、转移、降低信息系统面临的风险。随着大数据分析技术、云计算技术、SDN 技术、安全情报收集技术的发展，信息系统安全检测技术对安全态势的分析越来越准确，对安全事件预警越来越及时，安全防御逐渐由被动防御向主动防御转变。

● **访问控制**

访问控制是按用户身份及其所归属的某项定义组来限制用户对某些信息项的访问，或限制对某些控制功能的使用的一种技术。主要功能如下：防止非法的主体进入受保护的网络资源，允许合法用户访问受保护的网络资源，防止合法的用户对受保护的网络资源进行非授权的访问。

● **网络设备**

网络设备及部件是连接到网络中的物理实体。网络设备种类繁多，基本的网络设备有：计算机（无论是个人计算机还是服务器）、集线器、

交换机、网桥、路由器、网关、网络接口卡（NIC）、无线接入点
（WAP）、打印机和调制解调器、光纤收发器、光缆等。

✸ **TCB**

TCB（Trusted Computing Base）是计算机内保护装置的总称，包括
硬件、固件、软件和负责执行安全策略的组合体。它建立了一个基本的
保护环境，并提供了一个可信计算机系统所要求的附加用户服务。

✸ **TCG**

TCG（Trusted Computing Group）指可信计算组织。1999 年由
Compaq、HP、IBM、Intel 和 Microsoft 公司牵头组织成立 TCPA（Trusted
Computing Platform Alliance），已发展成员 190 家，遍布全球各大主力厂
商。2003 年 3 月，TCPA 改组为 TCG，其目的是在计算和通信系统中
广泛使用基于硬件安全模块支持下的可信计算平台，以提高整体安
全性。

✸ **可信根**

在可信计算体系中，建立可信需要先拥有可信根（Roots of Trust），
然后建立一条可信链（Chain of Trust），再将可信传递到系统的各个模
块，之后就能建立整个系统的可信。信任源是一个必须能够被信任的组
件。在一个可信平台中有三个可信根：度量可信根（RTM）、存储可信
根（RTS）和报告可信根（RTR）。这三个根都是可信、功能正确且不
需要外界维护的。这些可信根存在于 TPM 和 BIOS 中，可以由专家的
评估来确定是否符合可信的标准。一般，在平台建立之后，会认为
TPM 和 BIOS 是绝对可信的。

✸ **完整性保护**

完整性保护指采用密码技术和其他安全技术，确保信

息或数据在传输、存储的过程中，不被未授权的篡改或在篡改后能够被迅速发现。

❋ **可用性**

可用性指在某个考察时间内系统能够正常运行的概率或时间占有率期望值。考察时间为指定瞬间，称瞬时可用性；考察时间为指定时段，称时段可用性；考察时间为连续使用期间的任一时刻，称固有可用性。它是衡量设备在投入使用后实际使用的效能，是设备或系统的可靠性、可维护性和维护支持性的综合特性。

❋ **不可否认性**

不可否认性又称抗抵赖性，即由于某种机制的存在，人们不能否认自己发送信息的行为和信息的内容。传统的方法是靠手写签名和加盖印章来实现信息的不可否认性的。在互联网电子环境下，可以通过数字证书机制完成数字签名和时间戳，保证信息的不可否认性。

❋ **身份标识**

身份标识指能够证明本人身份的凭证。普遍使用的身份标识有身份证、户口簿、护照、暂住证、证明信、驾照、健康卡等。这些身份标识方式记载着一个人的姓名、住址、出生地、出生日期等信息。随着技术的发展，身份标识方式经历了防伪标识、条形码、磁条、IC芯片识别等，另外的方式还有指纹、虹膜、声音、DNA识别等。

❋ **伪随机**

在计算机、通信系统中我们采用的随机数、随机码为伪随机数、伪随机码。所谓"随机码"，就是无论这个码有多长都不会出现循环的现象，而"伪随机码"在码长达到一定程度时会从其第1位开始循环，由于出现的循环长度相当大，如 CDMA 采用 42 位的伪随机码，重复的可能性为 4.4 万亿分之一，因此可以当成随机码使用。

● **安全多方计算**

安全多方计算是解决一组互不信任的参与方之间保护隐私的协同计算问题。安全多方计算需要确保参与方输入的独立性、计算的正确性，同时不泄露各输入值给参与计算的其他成员。

● **量子密钥分发**

量子密钥分发以量子物理与信息学为基础，被认为是安全性最高的加密方式。量子密钥分发虽然在理论上具有无条件安全性，但由于原始方案要求使用理想的单光子源和单光子探测器，在现实条件下很难实现，这导致现实的量子密钥分发系统可能存在各种安全隐患。2007 年，潘建伟小组在国际上首次实现百公里量级的诱骗态量子密钥分发，成功解决了非理想单光子源带来的安全漏洞，但随后探测器的不完美性成为"量子黑客"的主要攻击点。国际上多个小组提出了"时间位移攻击""死时间攻击""强光致盲攻击"等针对探测系统的攻击方案。虽然所有已知的量子黑客攻击均可以通过对现有量子密码系统的适当改造加以防御，但理论上，安全隐患仍然存在。基于这一构想，潘建伟小组发展了独立激光光源的干涉技术，并与美国斯坦福大学联合开发了迄今为止国际上最先进的室温通信波段单光子探测器——基于周期极化铌酸锂波导的上转换探测器。在此基础上，结合清华大学马雄峰教授的理论分析，在世界上首次实现了与测量设备无关的安全量子密钥分发，该实验先天免疫任何针对探测系统的攻击，完美解决了探测系统的安全隐患问题。另外，该实验系统兼顾采用诱骗态方案，保证了非理想光源系统的安全性。

❋ 量子安全认证

荷兰特文特大学和埃因霍芬理工大学的研究人员研究出了可以保护信用卡和护照不被克隆或者冒用的方法，他们在特殊材料的卡背后使用了光子跳跃技术，由于每个光子的位置形态同样是无法预判的，因此每张卡都持有独特的认证防护，这种技术称为量子安全认证（QSA）。

❋ 京沪干线

"京沪干线"是连接北京、上海，贯穿济南和合肥的全长 2000 多千米的量子通信骨干网络，并通过北京接入点实现与"墨子号"的连接，是实现覆盖全球的量子保密通信网络的重要基础。"京沪干线"项目于 2013 年 7 月立项，2017 年 8 月月底在合肥完成了全网技术验收，2017 年 9 月 29 日正式开通。

❋ 电子政务云

电子政务云（E-Government Cloud）属于政府云，结合了云计算技术的特点，对政府管理和服务职能进行精简、优化、整合，并通过信息化手段在政务上实现各种业务流程办理和职能服务，为政府各级部门提供可靠的基础 IT 服务平台。

❋ 电子商务云

电子商务云指基于云计算商业模式应用的电子商务平台服务。在云平台上，所有的电子商务供应商、代理商、策划服务商、制作商、行业协会、管理机构、行业媒体、法律机构等集中成资源池，各个资源相互展示和互动，按需交流，达成意向，从而降低成本，提高效率。

● **教育云**

教育云是未来教育信息化的基础架构，包括教育信息化所必需的一切硬件计算资源，这些资源经虚拟化后，向教育机构、教育从业人员和学员提供一个良好的平台，该平台的作用就是为教育领域提供云服务。

● **桌面云**

桌面云可以通过瘦客户端或者其他任何与网络相连的设备来访问跨平台的应用程序及整个客户桌面。桌面云与云桌面是对同一对象的不同侧重点的阐述。与传统 PC 相比，其大体积的主机箱换成了小盒子（一个类似电视机顶盒的设备），鼠标、键盘、显示器、网线统一与这个设备连接。

● **身份认证**

身份认证也称为"身份验证"或"身份鉴别"，指在计算机及计算机网络系统中确认操作者身份的过程，从而确定该用户是否具有对某种资源的访问和使用权限，进而使计算机和网络系统的访问策略能够可靠、有效地执行，防止攻击者假冒合法用户获得资源的访问权限，保证系统和数据的安全，以及授权访问者的合法利益。

● **数字资产**

数字资产（Digital Assets）指企业拥有或控制的，以电子数据形式存在的，在日常活动中持有以备出售或处于生产过程中的非货币性资产。数字资产的产生得益于办公自动化，依托电子支付系统发展。

❋ **区块链**

区块链是分布式数据存储、点对点传输、共识机制、加密算法等计算机技术的新型应用模式。所谓共识机制是区块链系统中实现不同节点之间建立信任、获取权益的数学算法。区块链是比特币的一个重要概念，其本质是一个去中心化的数据库，为比特币的底层技术。区块链是一串使用密码学方法并关联而产生的数据块，每个数据块中包含了一次比特币网络交易的信息，用于验证其信息的有效性（防伪）和生成下一个区块。

❋ **态势感知**

态势感知是一种基于环境的，动态、整体洞悉安全风险的能力。其以安全大数据为基础，从全局视角提升对安全威胁的发现识别、理解分析、响应处置能力，最终是为了决策与行动，是安全能力的落地。

附录 A
中华人民共和国国家安全法

附录 B
中华人民共和国网络安全法

附录 C
中华人民共和国密码法

附录 D
中华人民共和国电子签名法

附录 E
全国人民代表大会常务委员会关于加强
网络信息保护的决定

附录 F
全国人民代表大会常务委员会关于维护
互联网安全的决定

附录 G
微博客信息服务管理规定

附录 H
互联网用户公众账号信息服务管理规定

附录 I
互联网群组信息服务管理规定

附录 J
互联网跟帖评论服务管理规定

附录 K
互联网论坛社区服务管理规定

附录 L
互联网直播服务管理规定

附录 M
互联网信息搜索服务管理规定

○ 参考文献

[1] 龙勤. 网络安全五层体系 [EB/OL]. http://blog.sina.com.cn/s/blog_8103c5aa0100t8df.html.

[2] 郎平. 网络空间安全：一项新的全球议程 [J]. 国际安全研究，2013(1).

[3] 林治远. 大国网络备战热潮透视 [J]. 人民论坛，2011(8).

[4] 周德旺. 强化网络安全 建设网络强国 [J]. 保密工作，2014(3).

[5] 田野. 如何防范木马及病毒攻击 [J]. 计算机与网络，2015(16).

[6] 燕红文. 我国流氓软件治理困境中的若干问题研究 [D]. 太原：山西大学，2008.

[7] 刘海光. 基于用户诊断方式的反恶意软件系统的研究与实现 [D]. 成都：四川师范大学，2008.

[8] 王冰. 网络信息系统安全软件产业之法律监管分析 [J]. 西安邮电大学学报，2013(5).

[9] 屠庭辉. 钓鱼网站的工作原理及防范方法 [D/OL]. 株洲：湖南铁路科技职业技术学院，2011. http://wenku.baidu.com/view/e582b0d85022aaea998f0f33.html.

[10] 赵晓松. 网银犯罪活动的现状分析及防范对策 [J]. 兰州交通大学学报，2011(2).

[11] 凤凰涅槃. 网络安全基础知识 [EB/OL]. http://blog.sina.com.cn/s/blog_134ebc69b0102v9cj.html.

[12] 赵宇飞，邓中豪. 网上乱扫二维码 当心支付宝被盗刷 [N]. 新华每日电讯，2014-03-01.

[13] 苗青. 有害信息传播违法犯罪现状分析及对策研究 [J]. 北京警察学院学报，2013(1).

[14] 靖小琴. 浅析网络言论理性表达的重要性 [J]. 科技创业月刊，2012(8).

[15] 薛飞彦. 人肉搜索及其法律规制 [J]. 知识经济，2013(9).

[16] 成新河. 与思想工作者聊教育 [M]. 北京：国防大学出版社，2014.

[17] 孙柳，郭世峰，吴媛媛．网络思想政治教育 200 题 [M]．北京：国防大学出版社，2014.

[18] 陈义先．从英雄的尴尬说道德底线 [N]．解放军报.

[19] 徐向阳．整治互联网低俗之风正当时 [N]．中华新闻报.

[20] 钱炜．互联网：别忘了你的责任 [N]．科技日报.

[21] 李佳祺，苏显龙，赵永新．网络低俗之风不可长 [N]．人民日报.

[22] 蒋云龙．小心！传销也搞上了"互联网＋"[N]．人民日报海外版.

[23] 正盎．国家安全动员能力刍议 [J]．国防，2016(1).

[24] 张勇．非法经营罪的概念、犯罪构成及量刑标准 [EB/OL]．http://blog.sina.com.cn/s/blog_4d289c53010114mm.html.

[25] 匡文波．影响中国互联网 20 年发展的关键词 [J]．新闻与写作，2014(3).

[26] 你不知道的互联网安全法律知识 [EB/OL]．http://china.findlaw.cn/info/hulianwangjinrongfa/wangluoanquan/1228350.html.

[27] 陈东辉．紧紧围绕职责任务 运用法律武器切实维护国家安全 [J]．奋斗，2016(2).

[28] 李海英．我国网络安全立法的顶层设计与制度安排 [J]．电信网技术，2016(2).

[29] 王蕾．基于可信虚拟域的政务云应用研究 [J]．计算机应用与软件，2012(8).

[30] 邬江兴．拟态计算与拟态安全防御的原意和愿景 [J]．电信科学，2014(7).

[31] 王朝阳，李云．基于"云安全"的指挥信息系统网络防病毒模型 [J]．指挥控制与仿真，2010(6).

[32] 王悦. 为了不哭着给黑客交赎金你应该知道这11个攻略[J].计算机与网络，2017(1).

反侵权盗版声明

电子工业出版社依法对本作品享有专有出版权。任何未经权利人书面许可，复制、销售或通过信息网络传播本作品的行为；歪曲、篡改、剽窃本作品的行为，均违反《中华人民共和国著作权法》，其行为人应承担相应的民事责任和行政责任，构成犯罪的，将被依法追究刑事责任。

为了维护市场秩序，保护权利人的合法权益，我社将依法查处和打击侵权盗版的单位和个人。欢迎社会各界人士积极举报侵权盗版行为，本社将奖励举报有功人员，并保证举报人的信息不被泄露。

举报电话：（010）88254396；（010）88258888

传　　真：（010）88254397

E-mail：　dbqq@phei.com.cn

通信地址：北京市万寿路 173 信箱
　　　　　电子工业出版社总编办公室

邮　　编：100036